全国高等院校计算机基础教育研究会

"计算机系统能力培养教学研究与改革课题"立项项目

普通高等教育"十三五"规划教材

RAPTOR流程图+算法程序设计教程

冉娟 吴艳 张宁◎主编

张钢◎主审

北京邮电大学出版社

www.buptpress.com

内 容 简 介

《RAPTOR 流程图＋算法程序设计教程》是以培养学生计算思维能力为目标,从解决实际问题的角度出发,由案例引出知识点,强化程序设计求解问题的思路和方法,将真正程序设计中最基本的"思想"和"方法"挖掘出来,让学生充分体会到计算机求解问题的过程。

本书以 RAPTOR 作为程序设计工具,从大量实用性和趣味性实例入手,典型例题一题多解,由浅入深,系统介绍了利用 RAPTOR 进行程序设计的基本思想和方法,努力实现"零基础"入门。

本书适合作为高等学校非计算机专业和计算机专业程序设计入门的教材用书。

图书在版编目(CIP)数据

RAPTOR 流程图＋算法程序设计教程 / 冉娟,吴艳,张宁主编 . -- 北京：北京邮电大学出版社,2016.8
(2017.7 重印)

ISBN 978-7-5635-4874-3

Ⅰ.①R… Ⅱ.①冉… ②吴… ③张… Ⅲ.①程序设计-高等学校-教材 Ⅳ.①TP311.1

中国版本图书馆 CIP 数据核字 (2016) 第 185034 号

书　　　名：RAPTOR 流程图＋算法程序设计教程
著作责任者：冉娟　吴艳　张宁　主编
责 任 编 辑：王丹丹
出 版 发 行：北京邮电大学出版社
社　　　址：北京市海淀区西土城路 10 号 (邮编：100876)
发 行 部：电话：010-62282185　传真：010-62283578
E-mail：publish@bupt.edu.cn
经　　　销：各地新华书店
印　　　刷：保定市中画美凯印刷有限公司
开　　　本：787 mm×1 092 mm　1/16
印　　　张：12.75
字　　　数：316 千字
版　　　次：2016 年 8 月第 1 版　2017 年 7 月第 2 次印刷

ISBN 978-7-5635-4874-3　　　　　　　　　　　　　　　　定　价：26.00 元

前　言

近些年各高校都将培养学生"计算思维"能力作为大学计算机基础教育教学改革的核心任务,这不仅是对计算思维能力本身的培养,更在于大学计算机基础教育要突破以往能力培养范畴,提升包括计算思维能力在内的普适性能力,从更高层面为专业服务。以计算思维为切入点,对大学计算机基础教育能力培养的深层启示究竟是什么?通过对这个问题的深入思考和多年教学实践,我们领悟到:计算机基础教育不应该仅仅是传统知识和技能的传授,而应以解决问题为目标,注重学生在学习过程中各种思维方式和行动能力的培养。而思维正是产生于各种实践应用中,随着实践而发展。计算机基础教育的课堂不仅是知识传递和实践锻炼,也是思维的训练。本书以此为出发点,通过简单的可视化程序设计工具 RAP-TOR 进行问题描述,并能在计算机上执行这一过程"体会和实践"计算思维,不仅达到计算思维的培养,而且更加强化了学习程序设计的目的是学习计算机分析和解决问题的基本过程和思路。

本教材选取 RAPTOR 作为程序设计的工具,不仅是因为其简单,更主要的是对于不具备程序设计基础的新生而言,能够利用该工具代替静态的流程图和伪代码进行基础算法训练,将真正程序设计中最基本的"思想"和"方法"挖掘出来,让学生充分体会到计算机求解问题的过程,为今后进一步学习诸如高级语言程序设计等课程打下良好基础。

本教材中所有案例是作者从教学活动中积累的案例中选取的,不仅具有趣味性,而且这些案例一题多解,由浅入深,强化知识点、算法、求解问题的基本过程和思路;很多案例后面出现思考题、举一反三,不仅帮助读者消化理解这些案例,而且学会灵活应用。

本教材由冉娟、吴艳和张宁共同编写。其中冉娟负责全书架构设计及统稿,张宁编写第3、9章,吴艳编写第1、2章,冉娟编写第1、4、5、6、7、8、10章。

本书由天津大学张钢教授担任主审,在成稿过程中得到了张钢教授细心指点和帮助,并给予非常多的建议,在此对张钢教授表示衷心的感谢。

同时感谢王瑞航和纪文涛两位同学对部分算法实现案例所做的工作,也衷心的感谢北京邮电大学出版社对本书的出版过程中所给予大力支持和帮助。

由于时间仓促,本书在文字和案例难免有不完善之处,敬请广大读者谅解,并诚挚地欢迎读者提出宝贵建议。

作者
2016 年 6 月

目　　录

第1章　程序设计与算法

本章学习目标:

通过本章学习,你将能够:

☑ 了解为什么要学习程序设计;

☑ 了解算法的概念和描述;

☑ 了解程序、程序设计以及程序设计语言的概念;

☑ 了解什么是 RAPTOR 以及它具有的特点。

1.1　为什么要学习程序设计

初学者看到"程序设计",一定会想为什么要学习程序设计?程序设计对我们的生活、学习和工作会产生影响吗?

当我们在学校餐厅买饭,伴随着饭卡在刷卡机上轻轻扫过,饭卡上的余额马上减少了;当我们使用全自动洗衣机清洗衣物时,洗衣机会按照洗衣流程自动为我们把衣物清洗的崭新如初;当我们要去一个地方而不知如何乘坐车辆时,只需打开百度地图手机 APP 即可查询到公交车换乘方案。中国科技大学研制出的我国首台交互式机器人"佳佳",谷歌的人工智能系统 AlphaGo 战胜了世界围棋冠军李世石,这些离不开程序设计。

作为一名优秀的技术工作者,不懂计算机程序设计,就不能真正理解计算机,也无法在自己所从事的工作领域内深入地应用计算机。

目前,虽然计算机应用软件及工具层出不穷,对于高等学校的学生来说,了解计算机科学,使计算机成为一种可以帮助人们思维的工具,显得尤为重要。而程序设计是实践计算思维的重要手段之一,在后续章节的学习,本书以 RAPTOR 为程序设计工具,围绕计算机问题求解开始程序设计学习。本章将简要介绍一些必要的概念和程序设计基础以引领读者进入程序设计世界。

1.2　认 识 算 法

在学习 RAPTOR 程序设计之前,先来了解一下算法的基本概念。当我们遇到问题需要借助计算机去解决时,首先想到的是如何将一个想法或者问题的解决方案放到计算机上去实现,那么如何让计算机解决这些问题呢?这就需要了解和掌握计算机中的程序设计。而程序设计是利用计算机求解问题的一种方式,是程序员为解决特定问题而利用计算机语言编制相关软件的过程,是软件构造活动中的重要组成部分。程序设计的关键是解题的方法与步骤,即算法。

1.2.1　什么是算法

我们在日常生活中要做任何事情都要有一定的步骤。例如，刚刚考上大学的同学们一定都经历了这样的过程：填报高考志愿，交报名费，拿到准考证，参加高考，得到录取通知书，到学校报到注册。这些步骤都是按一定顺序进行的，缺一不可，次序还不能乱。实际上，日常生活中人们有意无意都在按一定有序步骤执行和实施，如烹饪美味佳肴。你会发现生活中描述这些步骤时可能会使用文字或者符号来表示。

再比如，有两瓶相同容量的水，一瓶是茶水，一瓶是矿泉水，现在却错把茶水装入了矿泉水瓶中，矿泉水错装入了茶水瓶中，要求将其互换。要解决这个问题，需要借助一个空瓶子，因此交换的步骤如下。

第一步：将茶水倒入空瓶子；

第二步：将矿泉水倒入茶水瓶；

第三步：将空瓶子中的茶水倒入矿泉水瓶；

第四步：交换结束。

因此，广义地说，为解决一个问题而采取的方法和步骤，就称为"算法"。当然，算法有执行主体，在计算机世界设计算法是让计算机可以执行，因此在此考虑的是计算机算法。

什么是算法？当代著名计算机科学家 D. E. Knuth 在他撰写的《The art of computer programming》一书中写道："一个算法，就是一个有穷规则的集合，其中的规则规定了一个解决某一特定类型的问题的运算序列。"通俗地说，算法规定了任务执行/问题求解的一系列步骤。算法中的每一步必须是"明确的、可执行的"。下面我们通过例子来体会算法的含义。

【例 1-1】　求 $1+2+3+\cdots+10$ 的累加和。

方法一：

步骤 1，先求 1 与 2 的和，得到结果 3；

步骤 2，将步骤 1 得到的和与 3 相加，得到结果 6；

……

步骤 9，将步骤 8 得到的和与 10 相加，得到结果 55。

方法二：

步骤 1，分别求 1 与 10 的和、2 和 9 的和、3 与 8 的和、4 与 7 的和、5 与 6 的和；

步骤 2，求 5 个 11 的和，得到结果 55。

当然本题还有其他方法，一般来说，希望采用方法简单、运行步骤少的方法。如果要求求解 1 000 以内的累加和呢？显然这种方法较为烦琐，就需要找到一种通用的表示方法。因此，设计算法就是掌握分析问题、解决问题的方法，就是锻炼分析、分解，最终归纳整理出算法的能力。

1.2.2　算法的基本条件

为了能编写程序，必须学会设计算法，但不是任意写出的一些执行步骤就能构成一个有效算法，一个有效算法应该具备以下几个条件。

（1）输入

在执行算法过程中，从外界获得的信息就是输入，一个算法可以有 0 个、1 个或多个输入。

（2）输出

一个算法所得到的结果就是该算法的输出，其必须有 1 个或多个输出。

（3）确定性

每条规则、每个操作步骤都应当是确定的,不允许存在多义性和模棱两可的解释。

（4）有穷性

算法必须能在执行有限个步骤之后终止。

（5）有效性

算法的每个操作步骤都应该是可执行的。

一个算法是由有限步骤组成的集合构成的,每一步都需要一条或多条操作。计算机能执行哪些操作,不可避免地对算法中可以包含哪类操作作出限制。因此,在设计一个算法时,必须要考虑它的可行性。

1.2.3 算法的描述工具

为了表示一个算法,可以用任何形式的语言和符号描述,通常有自然语言、伪代码、流程图、N-S 图和计算机语言描述等。

（1）自然语言描述

用自然语言描述算法,就是用人们日常使用的语言描述或表示算法的方法。自然语言方法容易理解和掌握,但存在着很大的缺陷,就是容易出现二义性,所以一般用来粗略地描述算法思想。

例如,利用欧几里得算法求解两个正整数的最大公约数用自然语言描述如下。

Step 1:输入正整数 m、n;

Step 2:计算 $r=m \bmod n$;

Step 3:若 $r=0$,输出最大公约数 n,算法结束;若 $r \neq 0$,令 $m=n$,$n=r$,转 Step 2 继续。

由此可见,用自然语言描述算法通俗易懂,即使没有学过数学或算法,也能看懂算法的执行。

（2）流程图描述

流程图是最早出现的用图形表示算法的工具,它利用几何图形的框代表各种不同性质的操作,用流程线指示算法的执行方向。例如图 1-1 是利用欧几里得算法求解两个正整数的最大公约数的流程图描述。

用流程图表示算法,直观形象、易于理解,能较清楚地显示出各个框之间的逻辑关系和执行流程,因此流程图成为程序员们交流的重要手段。

（3）N-S 图描述

1973 年美国学者 I. Nassi 和 B. Shneiderman 提出了一种新的流程图形式。在这种流程图中,完全去掉了带箭头的流程线。全部算法写在一个矩形框内,在该框内还可以包含其他从属于它的框,或者说,由一些基本的框组成一个大的框。这种流程图又称为 N-S 结构

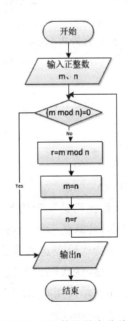

图 1-1 求解两个正整数的最大公约数的流程图

化流程图。例如图 1-2 是利用欧几里得算法求解两个正整数的最大公约数的 N-S 流程图描述。

图 1-2　求解两个正整数的最大公约数的流程图

（4）伪代码描述

算法最终是要用程序设计语言实现并在计算机上执行的。用自然语言描述算法虽然通俗易懂，但存在表达不严谨，容易出现二义性。用流程图描述算法虽然简单、直观，但缺少结构化的约束，不符合结构化程序设计的要求。用 N-S 图描述算法画图和修改都比较麻烦。而现用计算机程序设计语言多达几千种，不同的语言在设计思想、语法功能和适用范围等方面都有很大差异。此外，用程序设计语言表达算法往往需要考虑所用语言的具体细节，分散了算法设计者的注意力。因此，用某种特定的程序设计语言描述算法需要考虑语法细节，有些麻烦，伪代码描述正是在这种情况下产生的。

一般来说，伪代码是一种与程序设计语言相似但更简单易学的用于表达算法的语法。程序表达算法的目的是在计算机上执行，而伪代码表达算法的目的是给人看。伪代码应该易于阅读、简单和结构清晰，它是介于自然语言和程序设计语言之间的。伪代码不拘泥于程序设计语言的具体语法和实现细节。

由于伪代码在语法结构上的随意性，目前并不存在一个通用的伪代码语法标准。往往都是以某种具体的高级程序设计语言为基础，简化后进行伪代码的编写。最常见的这类高级程序设计语言包括 C、Basic、Java 和 ALGOL 等。由此而产生的伪代码往往被称为"类 C 语言""类 ALGOL 语言"等。

例如，利用欧几里得算法求解两个正整数的最大公约数的伪代码描述。

Input：正整数 m、n

Output：m、n 的最大公约数

GREATEST-COMMON-DIVISOR(m、n)

1　REPEAT

2　　　r←m mod n

3　　　m←n

4　　　n←r

5　UNTIL r＝0

6　RETURN　m

由此可见，伪代码是一种用类似于程序的文本来表达算法的方式。它比一般的程序设计语言简单易学，使算法设计者可以把注意力集中在设计算法而不是具体程序设计语言的语法细节上。用伪代码表达的算法容易翻译成程序。因此，伪代码往往出现在程序的注释中。需要强调的是，伪代码没有统一的格式标准，只要能够简洁完整地表达算法就可以。伪代码在算法描述中是使用得非常多的一种工具。

（5）计算机语言描述

计算机是无法识别流程图和伪代码的，只有用计算机语言编写的程序才能被计算机执行。因此在用流程图或伪代码描述出一个算法后,还要将它转换成计算机语言程序。

例如,利用欧几里得算法求解两个正整数的最大公约数的 C 语言描述。

```
int MaxCommonFactor(int m,int n)   // MaxCommonFactor()函数,功能是计算两个正
整数 m、n 的最大公约数,默认 m>n
{
    int   r;
    do {
        r = m % n;
        m = n;
        n = r;
    } while(r)
    return   m;
}
```

1.3 程 序 设 计

1.2 节讨论了什么是算法和算法的描述,为了让算法在计算机上执行,就需要用计算机语言来表示算法,这就要涉及计算机语言和程序设计。什么是程序? 什么是程序设计? 如何进行程序设计? 这些都是初学者会遇到的问题,也是程序设计的基本问题。

1.3.1 程序

"程序"通常指完成某些事务的一种既定方式和过程,如学生每天开始的程序是起床、刷牙、洗脸、吃饭、上课等。

在计算机领域,程序是为实现特定目标或解决特定问题而用计算机语言编写的命令序列的集合,是人们求解问题的逻辑思维活动的代码化描述。程序表达了人的思想,体现了程序员要求计算机执行的操作。

对于计算机而言,程序是计算机的一组机器指令,它是程序设计的最终结果。程序经过编译和执行才能最终完成程序的功能。对于使用计算机的人而言,程序员用某种高级语言编写的语句序列也是程序。程序通常以文件的形成保存起来,所以源文件、源程序和源代码都是程序。

1.3.2 程序设计

什么是程序设计? 对于初学者而言,往往把程序设计简单地理解为只是编写一个程序,这是不全面的。程序设计是指利用计算机解决问题的全过程,它包含多方面的内容,而编写程序只是程序设计的一部分。使用计算机解决实际问题,通常是先要对问题进行分析并建立数学模型,然后考虑数据的组织方式和算法,并用某种程序设计语言编写程序,最后调试程序,使之运行后能产生预期的结果,这一过程称为程序设计。程序设计的基本目标是实现算法和对初始数据进行处理,从而完成问题的求解。

学习程序设计的目的不只是学习一种特定的程序设计语言,而是要结合某种程序设计

语言学习程序设计的思想和方法。

程序设计的基本过程包括分析所求解的问题、抽象数学模型、设计合适的算法、编写程序，以及调试运行直至得到正确结果等几个阶段。具体的设计步骤如下。

（1）分析问题，明确任务

接受某项任务后，首先需要对任务进行调查和分析，明确要实现的功能。然后详细地分析要处理的原始数据有哪些，从哪里来，是什么性质的数据，要进行怎样的加工处理，处理的结果送到哪里，如打印还是显示。

（2）建立数学模型，选择合适的解决方案

对要解决的问题进行分析，找出他们的运算和变换规律，然后进行归纳，并用抽象的数学语言描述出来。也就是说，将具体问题抽象为数学模型。

（3）确定数据结构和算法

方案确定后，要考虑程序中要处理的数据组织形式（即数据结构），并针对选定的数据结构简略地描述用计算机解决问题的基本过程，再设计相应的算法。然后根据已确定的算法，画出流程图。这样能使程序思路更加清晰，减少编写程序的错误。

（4）编写程序

编写程序就是将流程图或其他方法描述的算法用程序设计语言表达出来。这一步应注意的是：要选择一种合适的语言来适应实际算法和计算机环境，并要正确地使用语言，准确地描述算法。

（5）调试程序

将源程序送入计算机，通过运行程序找出程序中存在的错误并修改，直到程序的运行效果达到预期的目标。

（6）整理文档，交付使用

程序调试通过后，应将解决问题整个过程的有关文档进行整理，编写程序使用说明书。

以上是一个完整的程序设计的基本过程。对于初学者而言，因为要解决的问题比较简单，所以可以将上述前三步合并为一步，即分析问题和设计算法。

程序设计是一种高智力的活动，不同的人对同一件事物的处理可以设计出完全不同的程序。正因为如此，在计算机发展的早期，程序设计被认为是一个与个人经历、思想与技艺相关联的一种技艺与技巧，所以需要探索出各种方法与技巧。

1.3.3　程序设计语言

以上在介绍程序和程序设计中都提到，程序是用某种语言来描述的，程序设计也是要用到某种语言来设计程序，我们不妨说程序设计语言是人与计算机进行交流的工具。如同想与外国人交谈就必须学会外语一样，要想比较深入地掌握计算机，就必须学习有关程序设计语言的知识。各类计算机程序设计语言具有一定的共性，掌握这些就可以触类旁通。

程序设计语言的发展，经历了机器语言、汇编语言和高级语言等几个阶段。其中机器语言是指计算机能够直接识别的基本指令的集合，是最早出现的计算机语言。汇编语言是用一些容易记忆和辨别的有意义的符号代替机器指令所产生的语言，它比机器语言程序容易阅读和修改，但它仍然与机器指令相对应。高级语言是一种用接近自然语言和数学语言的语法、符号描述基本操作的程序设计语言，消除了机器语言的缺点，使得普通用户容易学习和记忆,因此简单易学。目前,高级语言从 1954 年第一个完全脱离机器硬件的高级语言 FORTRAN 问世,到现在已经有几百种,如 C、C++、Python、Java、HTML 等。但对于初学者而言,过于复杂的高级语言不适用于初学者,那么有没有适合初学者进行思维表达而又无须太多难度的入门语言工具呢?回答是肯定。RAPTOR 就是这样一种简单、易用的程序设计工具,它是用流程图的方式解决问题,我们只需要把精力放在如何表达自己的想法上就可以,而无须了解过多的程序设计技巧和工具本身的技巧,具体的内容将在后续章节进行介绍。

1.4　RAPTOR 简介

1.4.1　什么是 RAPTOR

RAPTOR(Rapid Algorithmic Prototyping Tool for Ordered Reasoning),是一种基于有序推理的快速算法原型设计工具。它是由各种相互连接的图形符号构成的可执行流程图,为程序设计和算法设计的基础课程的教学提供实验环境。使用 RAPTOR 设计的程序和算法可以直接转换成为 C++、C♯ 和 Java 等高级程序设计语言,这就为程序和算法的初学者铺就了一条平缓、自然的学习阶梯。

1.4.2　为什么使用 RAPTOR

沙克尔福德和勒布朗(Shackelford and LeBlanc)曾经观察到,在计算机导论课程中使用特定的编程语言容易导致学生"受到干扰并从算法问题求解的核心上分散注意力"。由于教师希望学生在上课时间内能够解决实际的问题,因此,教师往往把授课的重点集中在程序语言的语法上,这就使得学生从学习算法问题求解的核心上转移到学习语言的语法上,失去学习程序设计的真正目的:为了解决各种实际问题,能够将实际问题以抽象化和程序化的形式表示出来。

RAPTOR 专门用于解决非可视化环境的语法困难和缺点,其目标是通过缩短现实世界中行动与程序设计的概念之间的距离来减少学习上的认知负担。使用 RAPTOR 进行程序设计基于以下几个原因:

(1) 由各种相互连接的图形符号构成的可执行流程图,最大程度地减少了程序语言的语法理解;

(2) 操作简单,学生只需要通过拖拽操作就可将不同图形符号放置到所需要的位置上,工具软件就可以自动将这些不同图形符号连接在一起,形成一个完整的流程图;

(3) 简单易懂,由于流程图与自然的思维过程相近,能够比较简单地让学生掌握和理解程序的设计与算法。

RAPTOR 除了具有流程图特色外,还具有其他诸多重要特点,例如,计算操作的原子化和算法的执行步骤统计等,为算法设计、算法优化、算法复杂性分析提供了有力的实验或验证手段。

目前,RAPTOR 作为一种可视化程序设计软件工具,从 2006 年开始已经在卡内基·梅隆大学、美国空军学院等 20 多个国家和地区的高等院校使用,在计算机基础课程教学中取得良好的效果。现在国内一些高校也陆续开始将 RAPTOR 作为程序设计入门课程,让学生从简单易懂的程序流程图入手,允许流程图在其环境下直接调试和运行算法,并且可以直观看到当前执行符号所在的位置及其所有变量的变化过程。不仅如此,RAPTOR 既避免重量级高级语言(如 C、C++)所带来的烦琐语法规则,又提供了更直观的图形化界面,使得刚刚入学的大学生都能在很短的时间内学会编写简洁程序并能够正常运行,更能激发学生学习程序的热情。请先看一个简单的 RAPTOR 程序。

【例 1-2】 利用 RAPTOR 编写程序,实现输出"Welcome RAPTOR world!",如图 1-3 所示。

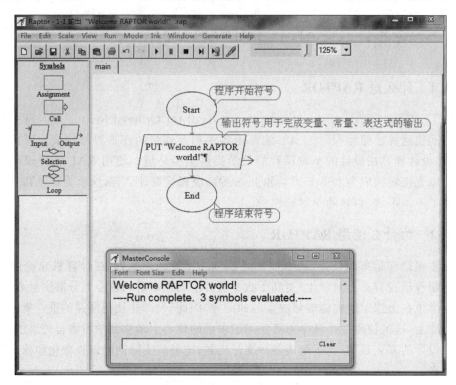

图 1-3 简单 RAPTOR 程序设计及运行结果

相信各位读者通过本例题一定感觉在没有任何程序设计基础的前提下也可以使用 RAPTOR 可视化程序设计来编写程序,程序简单、直观,能够按照自己想法来实现题目的功能,而且整个程序设计过程是在图形界面中完成,避免了可视化程序设计语言的复杂、枯燥的语法。

这对于学生而言,不仅让学生体会了实现算法的可视化,而且体会了学习程序设计的"思想"和"方法"。因此,与其他可视化程序设计语言环境相比,RAPTOR 更能够让学生创造出更有趣的算法。

1.4.3 RAPTOR 的特点

(1) 语言简单、紧凑、灵活(6 个基本语句符号),使用流程图形式实现程序设计,使得初学者无须花费太多时间,就可以进入问题求解的算法设计的学习阶段;

(2) 具备基本运算功能,有 18 种运算符,可以实现大部分基本运算;

(3) 具备基本数据类型与结构,提供了数值、字符串和字符 3 种数据类型以及一维数

组、二维数组等数据组织形式,可以实现大部分算法所需要的数据结构,包括堆栈、队列、树和图;

(4) 具有严格的结构化的控制语句;

(5) 语法限制宽松、程序设计自由度大;

(6) 可移植性好,程序的设计结果可以直接执行,也可以转换成其他高级语言,如 C、C++、C#等;

(7) 程序的设计结果可以直接编译成为可执行文件并运行;

(8) 支持图形库应用,可以实现计算问题的图形表达和图形结果输出;

(9) 支持面向过程和面向对象的程序和算法设计;

(10) 具备单步执行、断点设置等重要的调试手段,便于快速发现问题和解决问题。

本 章 小 结

本章内容主要涉及程序设计的一般性概念,包括程序、程序设计、程序设计语言以及算法等。通过对这些问题的介绍,为今后更好学习程序设计打下基础。由于 RAPTOR 是一种基本功能完备而又十分简洁的算法描述性程序设计环境,对于程序设计入门学习极为有利。

另外,本书介绍程序设计概念的目的并不是为了介绍某种特殊的程序设计语言,而是为了描述算法,无论今后读者学习任何一种语言,程序设计的基本概念和算法都是相通的。因此,在本书学习过程中,读者要细心体会对问题求解的过程。

习 题

1. 什么是程序、程序设计和程序设计语言?

2. 什么是算法? 算法描述的方法有几种,分别是什么?

3. 用传统流程图方式描述下列题目的算法。

(1) 从键盘输入圆半径,计算圆的面积和周长。

(2) 求三个正整数 a、b、c 的最大值。

(3) 早上起床到准备上课的流程。

(4) 出外旅游的准备工作的流程。

(5) 古堡算式问题:

福尔摩斯到某古堡探险,看到门上写着一个奇怪的算式:ABC * ?=CBA

福尔摩斯对华生说:"ABC 应该代表不同的数字,问号也代表某个数字!"华生说:"我猜也是!"。但是两人沉默了好久,还是没有算出合适的结果来。请你帮助福尔摩斯和华生找出 ABC 这个数。

第2章　用 RAPTOR 实现简单数据处理

本章学习目标：

通过本章学习，你将能够：

☑ 了解 RAPTOR 可视化程序设计基本环境；

☑ 掌握 RAPTOR 变量、表达式、函数的使用；

☑ 学会设计简单的程序；

☑ 学会调试和运行程序。

2.1　RAPTOR 可视化程序基本环境

计算机程序是什么？正如上一章节所介绍的，它是利用程序设计语言编写出的一些语句序列，是人控制计算机执行的方式。RAPTOR 程序是一组连接的符号，表示要执行的一系列动作。符号间的连接箭头确定所有操作的执行顺序。先看一个例子。

【例 2-1】　成绩合格问题。

从键盘上输入一个 100 以内正整数表示某个学生某门课程的成绩，判断该学生的这门课程的成绩是否合格。要求：如果成绩合格，则输出该课程的成绩并显示"Pass"的信息，否则输出该课程的成绩并显示"Failure"的信息。

问题分析：本问题求解过程的算法表示如下。

Step 1：从键盘上输入数据；

Step 2：判断该数据是否合格，即大于 60，如果大于 60，则输出该课程成绩并显示"Pass"的信息，否则输出该课程的成绩并显示"Failure"的信息。

依据对本题算法描述，如何在 RAPTOR 中实现呢？需要考虑以下几个问题：

① RAPTOR 如何接收从键盘上输入的数据？

② RAPTOR 如何判断该数据是否合格？

③ RAPTOR 如何将结果输出？

解　RAPTOR 程序实现，如图 2-1 所示。

从图 2-1 中可以看出，在 RAPTOR 中实现该题目的功能，只需要在程序开始符号 Start 和程序结束符号 End 中添加所需的符号即可实现一个程序的功能。本题中使用的 RAPTOR 符号包括输入符号、选择符号、输出符号三种。

（1）输入符号用于接收从键盘上输入的数据，并将输入数据的值存储到一个变量 grade 中；

（2）选择符号用于判断从键盘上输入的数据是否合格（大于 60）；

（3）输出符号用于将程序运行中相关提示信息、数据值等显示给用户。

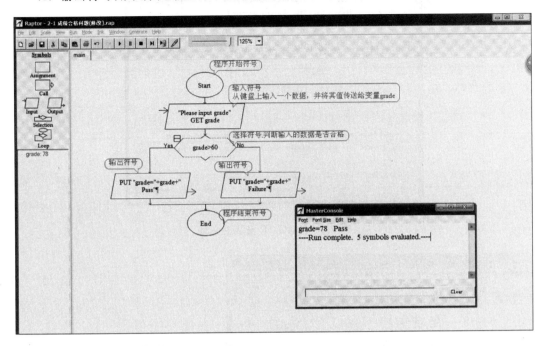

图 2-1 "成绩合格问题"RAPTOR 示例图及运行结果

程序执行时，从程序开始符号 Start 起步，按照箭头所指方向执行程序，到程序结束符号 End 时停止，用户输出的结果在主控制台中显示。

2.1.1 RAPTOR 安装及窗口界面

相信各位读者看了上面的例子已经对 RAPTOR 可视化程序设计基本环境和结构有了些感性认识，为了能实现更有趣、更复杂的程序设计，先了解一下 RAPTOR 基本程序环境。

1. RAPTOR 安装

RAPTOR 是一款免费工具软件，可以从官方网站（http://raptor.martincarlisle.com）上下载。该网站提供了最新安装版（Newest Installer）和便携版本（Portable Version），当前最新的安装版为 2015 版，该版本能更好适用于已经安装了. NET Framework 4.5 框架的 Windows 8/Windows 10 的用户，下面以最新安装版 2015 为例，介绍 RAPTOR 的安装。

从 RAPTOR 官方网站下载最新安装版 RAPTOR 2015. msi，下载完成后，双击运行该文件，出现安装界面，如图 2-2 所示，按照提示选择默认选项完成安装。

安装完成后，在程序菜单中出现 RAPTOR，为了操作方便，建议在桌面上创建 RAPTOR 的快捷方式，至此，RAPTOR 的安装操作完成。

2. RAPTOR 启动与窗口界面

双击桌面上 RAPTOR 快捷图标，启动 RAPTOR 程序，出现 RAPTOR 窗口界面。在默认情况下，RAPTOR 窗口界面包括程序设计（RAPTOR）界面和主控制台（Master Console）界面，如图 2-3 所示。

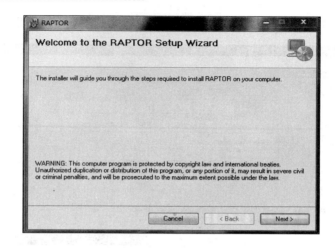

图 2-2 RAPTOR 安装主页面

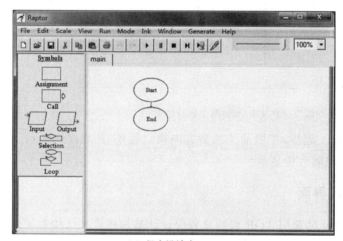

(a) 程序设计窗口

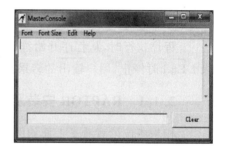

(b) 主控制台窗口

图 2-3 RAPTOR 程序设计窗口和主控制台窗口

其中程序设计(RAPTOR)窗口界面主要用来进行程序设计,其包括 4 个区域,如图 2-4 所示。

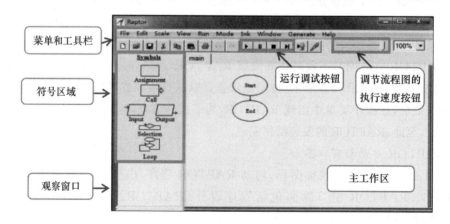

图 2-4 RAPTOR 程序设计窗口界面

（1）符号区域：为用户提供了 6 种基本符号。

- 赋值符号（Assignment Symbol）——用来给变量赋值；
- 调用符号（Call Symbol）——用来进行子图或过程的调用；
- 输入符号（Input Symbol）——用来获得用户的输入；
- 输出符号（Output Symbol）——用来显示文本到主控制台窗口；
- 选择符号（Selection Symbol）——用来进行选择判断处理；
- 循环符号（Loop Structure Symbol）——用来进行循环结构的处理。

（2）观察区域：当流程图运行时，该区域可以让用户浏览到所有变量和数组实时变化的内容。

（3）主工作区域：在该区域用户可以创建 RAPTOR 程序流程图。大部分流程图只有一个被称为 main 的主图标签，当编程者创建子过程时，则会增加相应标签。

（4）菜单和工具栏区域：允许用户改变设置和控制视图，并且执行流程图。

主控制台（Master Console）界面用于显示程序的运行结果和错误信息等，如图 2-5 所示。窗口的下拉菜单用来设置窗口属性，"Clear"按钮用于清除主控制台窗口内容。窗口底部文本框允许用户直接输入命令。例如，用户想打开 RAPTOR 图形窗口，可以在文本框中直接输入 RAPTOR 过程调用命令，如图 2-6 所示。

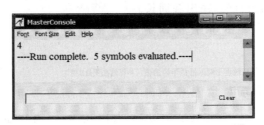

图 2-5　RAPTOR 主控制台窗口界面

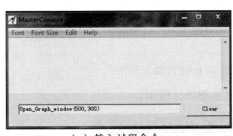

（a）输入过程命令　　　　　　　　　　　　（b）调用结果

图 2-6　RAPTOR 主控制台窗口输入过程命令及调用结果

2.1.2　RAPTOR 基本程序环境的使用

RAPTOR 程序是一组连接的符号，表示要执行的一系列动作。符号间的连接箭头确定所有操作的执行顺序。在默认情况下，RAPTOR 程序只包括开始符号 Start 和程序结束符号 End，要实现其他功能，还需要在程序开始符号 Start 和程序结束符号 End 中添加一系列

RAPTOR 其他符号,就可以创建有意义的 RAPTOR 程序。

1. 基本图形符号

RAPTOR 程序提供 6 种基本图形符号,分别为赋值(Assignment)、调用(Call)、输入(Input)、输出(Output)、选择(Selection)和循环(Loop),每个图形符号代表一个特定的语句类型,如图 2-7 所示。下面通过一个简单示例向读者介绍赋值符号、输入符号、输出符号的使用,选择符号、循环符号、调用符号将在后续章节中介绍。

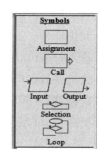

图 2-7　RAPTOR 的 6 种
基本图形符号

【例 2-2】　从键盘上输入圆的半径 R,求圆的周长。

问题分析:要根据键盘输入的圆半径值,利用圆周长公式求解圆周长。其算法表示如下。

Step 1:从键盘输入圆半径的值;

Step 2:利用圆周长公式 $C=2\pi R$ 求解周长;

Step 3:输出圆周长。

操作步骤:

Step 1:添加一个输入符号,输入圆的半径值 R;

Step 2:添加一个赋值符号,圆周长公式的表达式 $3.14 * 2 * R$ 赋值给圆周长变量 C;

Step 3:添加一个输出符号,输出圆周长。

解　RAPTOR 程序实现,如图 2-8 所示。

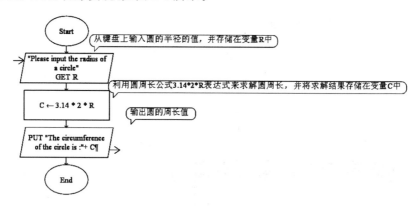

图 2-8　求解圆周长的 RAPTOR 示例图

当半径输入 10 时,执行程序输出的结果如图 2-9 所示。

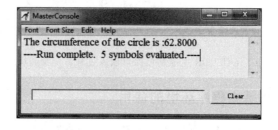

图 2-9　求解圆周长的 RAPTOR 示例流程图运行结果

从图 2-8 可以看到利用 RAPTOR 实现该题目的功能,只需要使用输入符号、赋值符号及输出符号三种图形符号即可。

（1）输入符号

"输入符号"是允许用户在程序执行过程中输入变量的数据值（这里说明一下，变量是计算机内存中的位置，用于保存数据值，在任何时候，一个变量只能容纳一个值。）编辑"输入符号"的方法是：双击"输入符号（Enter Input）"，打开如图 2-10 所示的编辑框。

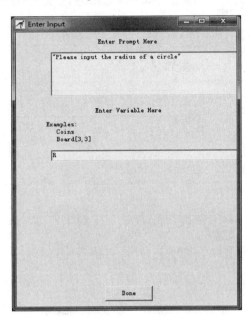

图 2-10　输入符号编辑框

在编辑框中，用户必须指定提示文本（Enter Prompt Here）和变量名称（Enter Variable Here）。其中"提示文本"是为了给用户一个提示信息，知道在此处要输入什么数据，因此"提示文本"信息应尽可能明确，如输入圆半径等。输入"提示文本"应用双引号表示。变量名称是用来保存程序在运行时由用户输入的值。

图 2-11 所示为"输入符号"编辑完成后在 RAPTOR 程序中的显示编辑内容。

当 RAPTOR 程序执行时，将在屏幕上显示一个输入对话框，如图 2-12 所示。用户从键盘上输入一个值，并按"Enter"键（或单击"OK"按钮），输入的值就会赋值给变量 R。

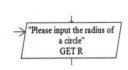

图 2-11　编辑完成的输入符号

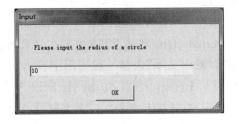

图 2-12　输入符号运行时的对话框

（2）赋值符号

赋值符号用于执行计算，并将其结果存储到变量中。编辑"赋值符号"的方法是：双击"赋值符号（Enter Statement）"，打开如图 2-13 的编辑框。在赋值符号编辑框中，将需要赋值的变量名输入到"Set"文本框，将需要执行计算的表达式或常量输入到"to"文本框。

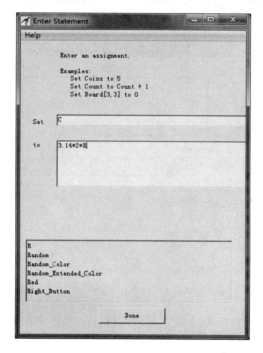

图 2-13　赋值符号编辑框

一个赋值符号只能改变一个变量的值，即箭头所指向的变量，如图 2-14 所示。如果这个变量在先前的语句中未曾出现过，则 RAPTOR 会自动创建一个新的变量。如果这个变量在先前的语句已经出现，那么先前的值将被当前所执行的计算结果所取代，同时变量的类型就是赋值数据的类型。

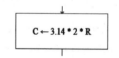

图 2-14　编辑完成的赋值符号

（3）输出符号

输出符号是用于将程序运行的结果显示在主控制台窗口中。编辑"输出符号"的方法是：双击"输出符号"，打开如图 2-15 所示的编辑框。在输出符号编辑框中，用户需要对输出文本（Enter Output Here）和是否需要在输出结束时输出一个换行符（End current Line）进行设置。

编辑"输出文本"内容一般使用字符串和连接运算符"＋"表示在屏幕上输出的文本内容，如"The circumference of the circle is:"＋C。其中双引号内的文本在输出时原样显示在主控制台窗口；连接运算符"＋"是将输出文本与变量 C 进行连接在一起，如图 2-15 所示。

若想要 RAPTOR 程序输出多个提示文本（包括空格）和多个变量值，可以在输出符号中多次使用连接运算符"＋"将多个需要输出提示文本与多个变量连接在一起，如例 2-2 输出显示的结果修改为如图 2-16 所示。

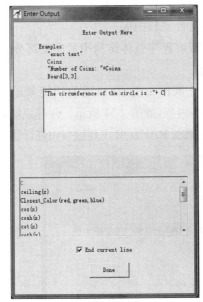

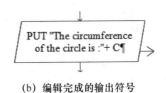

（b）编辑完成的输出符号

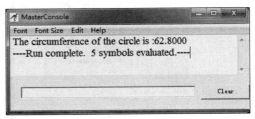

（a）输出符号编辑框

（c）程序运行后输出符号显示的运行结果

图 2-15　输出符号编辑框和运行结果

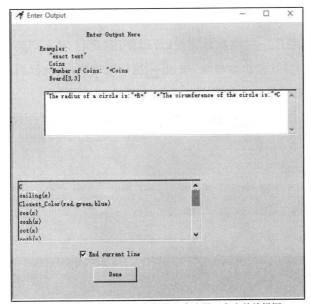

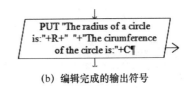

（b）编辑完成的输出符号

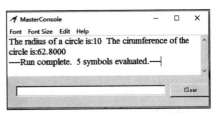

（a）输出符号中输出多个变量值与多个提示文本的编辑框

（c）程序运行后输出符号显示的运行结果

图 2-16　输出符号中输出多个变量值与多个提示文本的编辑框和运行结果

2. RAPTOR 注释

RAPTOR 开发环境与其他程序语言一样,允许对程序进行注释说明。注释说明用来帮助他人理解程序和阅读程序,特别是在程序代码比较复杂、很难理解的情况下,如果注释得当,可以使程序更容易被他人理解。注释本身是无意义的,并不会被执行。

RAPTOR 中的注释有以下几种类型。

（1）编程标题：用于标注程序的作者和编写时间、程序目的等；

（2）分节描述：用于标记程序，使程序员更容易理解程序整体结构中的主要部分；

（3）变量说明：解释说明算法中变量使用的用途。

要对某个图形符号添加注释说明的方法是：单击鼠标右键，在出现的快捷菜单中选择"Comment"命令，进入注释编辑对话框，输入注释的文本内容，如图 2-17 所示。注释以绿色字符显示，可以使用汉字。注释的位置可以通过按住鼠标左键在 RAPTOR 工作窗口中进行移动。

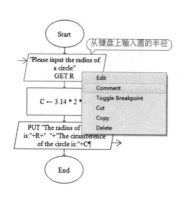

图 2-17　RAPTOR 注释编辑框

3．RAPTOR 程序执行

RAPTOR 程序设计完成后，要想将程序一次性执行完成，可以使用"运行（Run）"菜单中的"Execute to Completion"命令或工具栏中"执行命令"按钮 ▶ 执行流程图，被执行到的图形符号呈绿色高亮显示，变量值呈红色高亮显示在观察窗口中，如图 2-18 所示。

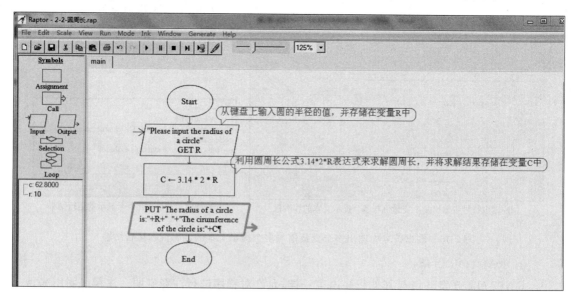

图 2-18　RAPTOR 程序执行

若想单步执行 RAPTOR 程序,可以使用"运行(Run)"菜单中的"Step"命令或 F10 键,程序就可以一步一步执行,便于仔细查看程序执行的过程。

除此之外,还可以使用"运行(Run)"菜单中的"Pause"命令或工具栏中"暂停命令"按钮 ⏸ 来暂停程序的执行,直到用户重新开始执行。使用"运行(Run)"菜单中的"Reset"命令或工具栏中"停止命令"按钮 ■ 来终止程序的执行。

2.2　RAPTOR 常量和变量

2.2.1　变量

变量表示的是计算机内存中的位置,用于保存数据值。在任何时候,一个变量只能保存一个数据值。然而,变量在程序运行过程中可以改变、可以重新被赋值,这就是为什么它被称之为"变量"的原因,表 2-1 所示变量 x 变化过程。

表 2-1　变量 x 的赋值变化过程

RAPTOR 程序	x 的值	说明
Start	未定义	当程序开始执行时,没有任何变量存在,RAPTOR 变量是在某个符号中首次使用时被自动创建并自动分配存储空间
x ← 25	25	第一个赋值符号中语句 x←25,分配数据值 25 给变量 x
x ← 25 * 2 + 4	54	下一个赋值符号中语句 x←25 * 2＋4,表示将 25 * 2＋4 运算结果分配给变量 x,之前变量值被新结果值所覆盖
End		程序运行结束,,系统自动释放变量所占存储空间

从表 2-1 所示的程序在执行过程中,变量 x 存储过 2 个不同的值,一个值是 25,一个值是 54。值得注意的是,在一个程序中符号放置的位置不同,变量的值可能会发生变化。

 思考:请读者思考,若是将上面的两个赋值符号位置交换一下,变量 x 的值会是如何?

1. 变量赋值

RAPTOR 程序中变量赋值有 3 种不同方法:

(1)通过输入符号对变量进行赋值;

(2)通过赋值符号对变量进行赋值;

(3)通过过程调用的参数传递或返回值对变量进行赋值(这种方法在后续章节中介绍)。

2. 变量数据类型

RAPTOR 程序中变量与其他语言程序一样也有数据类型。当一个新的变量被创建时,其初始值将决定该变量存储数据的数据类型。程序运行过程中,也可由所赋值数据的数据类型来改变变量的数据类型。

RAPTOR 中变量的数据类型有三种:数值型(number)、字符型(character)和字符串型(string)。其中数值型变量是存储一个数值;字符型变量存储一个字符,其数据用单引号表示;字符串型变量存储一个字符串,其数据用双引号表示。

值得注意的是,在 RAPTOR 中,软件帮助文件目前只提到数值型变量和字符串型变量两种类型(参见软件帮助文件中的 Programming Concepts → Variables)。而实际上,RAPTOR 中还有一种字符型变量,与字符串型变量使用"输入符号"和"赋值符号"不同,字符型数据变量只能有两种方法获得:一是使用 to_character(number) 函数;二是使用赋值符号直接赋值字符型数据。下面我们看一个关于字符变量和字符串变量的例子。

【例 2-3】 字符变量和字符串变量赋值。

分别使用赋值符号或输入符号对变量 char、变量 char1、变量 char2、变量 char3 赋值,判断所赋值是否为字符型数据,若是则输出"Yes"信息,否则输出"No"的信息。

解 RAPTOR 程序,如图 2-19 所示。

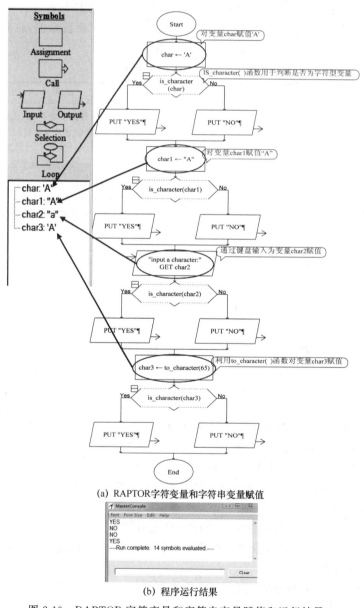

(a) RAPTOR 字符变量和字符串变量赋值

(b) 程序运行结果

图 2-19 RAPTOR 字符变量和字符串变量赋值和运行结果

通过例 2-3 可以看出,变量 char 和变量 char3 得到变量类型是字符型,其他变量都是字符串型变量。说明了用户利用赋值符号对变量赋值为字符型或利用 to_character(number) 函数对变量赋值,则该变量的数据类型就是字符型。

这里还要说明的是,to_character(number)函数(其中 number 的范围为 0～127,也就是标准 ASCII 代码表的数值范围)可以将一个数字转换成 ASCII 码,与之对应还有一个逆运算函数 to_ascii()函数,它是将一个字符或将一个字符串中的某个字符取出转换成数字,以便进行编码的性质判断。有了这两个函数,就可以进行一个字符属于字母、数字、标点等字符的判断。

3. 标识符

RAPTOR 程序中所用到的每一个变量都应该有相应的名称作为标识。我们把给程序中的变量、常量、子图或子过程、数组等所起的名称称之为标识符。简单地说,标识符就是一个名称。标识符命名规则如下:

(1) 标识符只能由英文字母、数字和下划线 3 种符号组成;

(2) 必须以字母开头,第一个字母后可以跟任意的英文字母、数字或下划线;

(3) 不区分大小写;

(4) 保留字(RAPTOR 自己使用)不能作为用户标识符,如 GET_KEY 为保留字,不能用于变量、子图、过程等的名字。

2.2.2　常量

程序运行过程中固定不变的量称为常量。在 RAPTOR 程序中有下列几种常量。

(1) 符号常量

符号常量是 RAPTOR 内部定义的用符号表示的常量。

- Pi(圆周率):定义 3.1416(可扩展精度)。
- e(自然对数的底数):定义 2.7183(可扩展精度)。
- true、yes:布尔值真,1。
- false、no:布尔值假,0。

以上列举的这 4 个符号常量也称为保留字,不可以用于变量、子图、过程等的名字。

(2) 数值型常量

例如,13,45,0 等。在 RAPTOR 中,数值的整数部分能够表达有效位数约为 15 位十进制数,小数部分的初始默认有效位数为 4 位,需要提高小数精度时,可以使用set_precision() 函数进行设置。

(3) 字符型常量

例如,'A' '8'。

(4) 字符串型常量

例如,"Hello" "Please input a number"。字符串型常量一般用于输入或输出的提示信息。

课后讨论

（1）常量和变量的区别。

（2）在 RAPTOR 程序中，定义变量没有被赋值，是否可以直接使用？

（3）在 RAPTOR 中，字符变量与字符串变量可以进行哪些运算？

2.3 RAPTOR 运算符和表达式

RAPTOR 程序不仅提供变量和常量，而且还提供了丰富的运算符和表达式，用户编程更加方便和灵活。

RAPTOR 运算符的主要作用是与操作数构成表达式，实现某种运算。表达式是用于实现某种操作的算式。根据运算符的性质，RAPTOR 运算符分为算术运算符、关系运算符和布尔运算符。下面介绍几种基本的运算符及其构成的表达式。

2.3.1 算术运算符及其表达式

常见的算术运算符，如表 2-2 所示。

表 2-2　算术运算符

	运算符	含义
算术运算符	＋、-	加法、减法
	、/、 * 或 ∧	乘法、除法、幂
	mod	取模运算
	rem	取余运算

值得注意的是运算符"＋"，在 RAPTOR 程序中不仅可以实现算术运算，也可以实现字符串的拼接运算。在前面 2.1.2 节输出符号时已经介绍了其操作使用，除此之外，它还可以实现以下几种情况字符串拼接操作。

（1）字符串与字符拼接

如："Hello"＋'Y'→"HelloY"

　　'Y'＋"Hello"→"Yhello"

　　""＋'Y'＋'O'＋'U'→"YOU"（这里""为空字符）

　　'Y'＋'O'＋'U'不能进行连接运算，因为在 RAPTOR 中不允许字符与字符之间直接连接。

（2）字符串与数值拼接

如："Hello"＋123→"Hello123"

　　"Hello"＋123＋456→"Hello123456"

　　123＋456＋"Hello"→"579Hello"

　　123＋""＋456＋"Hello"→"123 456Hello"

取余运算 rem（Remainder Operation）和取模运算 mod（Modulo Operation）两个运算符

有重叠的部分但又不完全一致。两者相同之处在于返回结果都是余数,两者不同之处在于对负整数进行除法运算时操作结果不同,如表 2-3 所示。

表 2-3　取余运算符和取模运算符返回结果不同

x	y	x rem y	x mod y
10	3	1	1
16	2	0	0
9.5	3	0.5	0.5
9.5	2.5	2	2
−10	−3	−1	−1
−10	3	−1	2
10	−3	1	−2

从表 2-3 中可以看出,当 x 和 y 同号整数进行 rem 运算或 mod 运算时,两个运算符返回结果值是相等的;当 x 和 y 异号整数进行 rem 运算或 mod 运算时,rem 运算的结果向 0 方向舍入且运算结果符号与 x 值的符号一致,而 mod 运算的结果向无穷小方向舍入且运算结果的符号与 y 值的符号一致。

算术表达式是由算术运算符将运算对象(常量、变量、函数和括号)连接起来的式子。算术表达式的运算结果为一个数值。

算术表达式计算时是按照优先顺序进行的,优先顺序从高到低如下:①计算所有函数;②计算括号中表达式;③计算乘幂(＊＊);④从左到右,计算乘法和除法;⑤从左到右,计算加法和减法。

2.3.2　关系运算符及其表达式

关系运算符,如表 2-4 所示。

表 2-4　关系运算符

	运算符	含义
关系运算符	＞、＜	大于、小于
	＞＝、＜＝	大于等于、小于等于
	！＝、＝	不等于、等于

关系表达式是由关系运算符将运算对象(常量、变量、函数和括号)连接起来的式子。关系表达式的运算结果是一个布尔值(True/False),关系运算示例如下:

Count＝10

Count mod 7 ！＝0

 注意:关系运算符必须是两个相同数据类型量之间进行比较。

2.3.3 布尔运算符及其表达式

布尔运算符,如表 2-5 所示。

表 2-5 布尔运算符

	运算符	含义	运算功能
布尔运算符	not	非	x 为 true 时,not x 为 false
	and	与	x 和 y 同时为 true 时,x and y 为 true,否则为 false
	or	或	x 和 y 同时为 false 时,x or y 为 false,否则为 true

布尔表达式是由关系运算符和布尔运算符将变量、常量、算术表达式、函数和圆括号连接起来的式子。布尔表达式的运算结果是一个布尔值(True/False)。

布尔运算符优先顺序从高到低为 not、and、or。

熟练掌握算术运算符、关系运算符和布尔运算符,可以巧妙地用一个表达式表示实际应用中的一个复杂条件。例如,判断某年 year 是否为闰年的条件是满足下列两个条件之一:①能被 400 整除;②能被 4 整除但不能被 100 整除。

描述这一条件的表达式为(year mod 400＝0) or (year mod 4＝0) and (year mod 100！＝0)

课后讨论

能力拓展:变量及其表达式运算

请读者编写程序,使用以下两种方式实现两个变量 $a=5, b=8$ 的值交换:

(1) 借助于第三个变量实现交换;

(2) 不借助于第三个变量实现交换。

思考:两种方法有何区别? 变量的存储过程有何变化?

2.4 RAPTOR 函数

程序设计中,系统函数的出现为程序设计者带来了极大的方便。程序设计者借助函数可以很方便地实现特定的功能,而无须编写复杂的程序代码。很多高级语言都为程序设计者提供了大量的实用函数,大大提高了程序设计者的开发效率。RAPTOR 中提供的系统函数包括基本数学函数、三角函数、布尔函数和图形函数。本节主要介绍前三种,图形函数在以后的章节再详细介绍。

2.4.1 基本数学函数

基本数学函数用于帮助程序设计者完成特定的数学功能。RAPTOR 中,基本数学函数有 9 个,如表 2-6 所示。

表 2-6　RAPTOR 的基本数学函数

基本数学函数	含义	运算功能
abs	绝对值	$abs(-8)=8$
ceiling	向上取整	$ceiling(3.1456)=4$
floor	向下取整	$floor(9.8)=9$
log	自然对数	$log(e)=1$
max	最大值	$max(10,5)=10$
min	最小值	$min(10,5)=5$
sqrt	开平方	$sqrt(16)=4$
random	生成一个范围在 0~1 的随机值	在默认精度时,random 随机生成一个含有 4 位小数的数

其中随机函数(Random Function)用于产生随机数,如图 2-20 所示,产生一个 100 以内的随机数。在程序设计中利用随机函数 Random 方便为用户产生大量的原始数据,避免用户因输入大量原始数据而带来的不便。

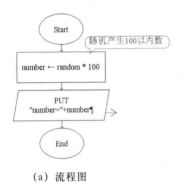

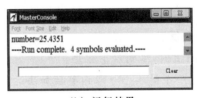

（a）流程图　　　　　　　　　　　　（b）运行结果

图 2-20　产生随机数的 RAPTOR 示例流程图和运行结果

【例 2-4】　利用随机函数制作一道小学生 100 以内的整数乘法运算的题目。

问题分析:根据题目描述要给小学生随机出一道 100 以内整数乘法运算题目,就需要利用随机函数分别对乘数和被乘数生成一个 100 以内整数,并显示该算式题目。其算法表示形式如下。

Step 1:对第一个乘数 num 1 进行赋值;

Step 2:对第二个乘数 num 2 进行赋值;

Step 3:对乘法算式进行赋值;

Step 4:输出乘数法算式题目。

解　RAPTOR 程序实现,如图 2-21 所示。

通过上面例题可以看出,计算机要想随机生成一个随机数,可以使用 Random 函数。Random 函数生成的随机数其实是一个伪随机数,即并不是一个真正的随机数。在使用随机函数时应注意以下几点。

（1）随机函数 Random 只产生在 0~1 的小数,所以需要加工以后才能获得常用算法所需要的随机整数。在 RAPTOR 中,可以用 Random 乘以一个正整数 N,并使用向下取整函数 floor 或向上取整函数 ceiling 获取相应范围内的随机整数,如 floor(Random * 100)可随机获得 100 以内的随机整数;

(2)需要获取 ASCII 码表中的数值,可以使用模运算,如 floor(Random * 1000 mod 128)可随机得到标准 ASCII 码值(0~127)。

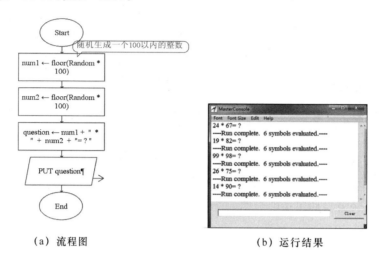

(a)流程图　　　　　　　　(b)运行结果

图 2-21　求解乘法算术题目问题的 RAPTOR 示例流程图和运行结果

 举一反三

仿照上例,编制以下程序:

(1)一个简单 100 以内整数加法运算、减法运算以及除法运算题目的程序;

(2)一个简单随机两位整数加法算术运算的题目;

(3)一个简单随机三位整数的加法运算题目。

2.4.2　三角函数

三角函数用于帮助用户完成三角运算功能。RAPTOR 中三角函数有 8 个,如表 2-7 所示。

表 2-7　RAPTOR 的三角函数

三角函数	含义	运算功能
sin	正弦函数(参数以弧度表示)	$\sin(pi/6)=0.5$
cos	余弦函数(参数以弧度表示)	$\cos(pi/3)=0.5$
tan	正切函数(参数以弧度表示)	$\tan(pi/4)=1.0$
cot	余切函数(参数以弧度表示)	$\cot(pi/4)=1.0$
arcsin	反正弦函数,返回弧度	$\arcsin(0.5)=pi/6$
arccos	反余弦函数,返回弧度	$\arccos(0.5)=pi/3$
arctan	反正切函数,返回弧度	$\arctan(10.3)=1.2793$
arccot	反余切函数,返回弧度	$\text{arccot}(10.3)=0.2915$

2.4.3　布尔函数

布尔函数主要用于变量类型的查询测试,其返回值为布尔值(True/False)。在RAPTOR 中,布尔函数常用于在选择和循环条件判断的位置。RAPTOR 中提供布尔函数较多,这里只简单介绍如表 2-8 所示的几种常用布尔函数,其他的布尔函数将在后续章节中陆续介绍。

表 2-8　RAPTOR 的常用布尔函数

布尔函数	含义	布尔函数	含义
Is_Number(Variable)	是否为数值变量	Is_Array(Variable)	是否为一维数组
Is_Character(Variable)	是否为字符变量	Is_2D_Array(Variable)	是否为二维数组
Is_String(Variable)	是否为字符串变量		

本 章 小 结

在本章中,我们认识了 RAPTOR 程序设计环境,掌握了 RAPTOR 变量、常量、表达式和函数的使用,重点学习了随机函数的应用和输入符号、输出符号、赋值符号等 3 种符号的使用和应用。了解了要利用 RAPTOR 设计程序只需要将 6 种基本图形符号灵活应用就可以构成一个程序,与其他可视化程序设计语言环境相比,程序设计简单、直观,能够按照自己想法实现题目的功能,给初学者学习程序和算法铺就一条平缓、自然的学习道路。

习　　题

1. 从键盘上输入两个数据,计算它们的和、差、积、商并输出结果。要求:商运算时 0 不能做除数。

2. 存款利息问题

从键盘上输入存款金额 money、存期 year 和年利率 rate,根据公式计算存款到期时的利息 interest。(所求结果保留 2 位小数)

$$\text{Interest} = \text{money}(1 + \text{rate})^{\text{year}} - \text{money}$$

3. 输入长方形的长和宽,求长方形的面积和周长并输出,保留 2 位小数。

4. 输入任意两个整数,求两整数相除的商和余数。要求:商运算时 0 不能做除数。

5. 简单译码问题。

从键盘输入任意两个字母,对它们进行译码。如输入密码"Hi"译成明码"Kl",其规则为将原密码中每个字母用 ASCII 字母表中该字母后的第 3 个字母代替,即 H→K,i→l。

注意:输入两个字母时,中间没有空格。

第3章 用 RAPTOR 顺序结构解决简单问题

顺序结构是程序设计中最简单、最基本、最常用的一种程序结构,也是进行复杂程序设计的基础。顺序结构的特点是完全按照语句出现的先后次序执行程序。在日常生活中,需要"按部就班、依次进行"处理和操作的问题随处可见。

本章学习目标:

通过本章学习,你将能够:

☑ 了解结构化程序设计的三种基本结构;

☑ 学会设计顺序结构程序。

3.1 结构化程序设计的三种基本结构

结构化程序设计的基本结构包括顺序结构、选择结构和循环结构。它们是结构化程序所具有的通用结构。

【例 3-1】 阅读 RAPTOR 流程图,说明程序的结构和执行过程,如图 3-1 所示。

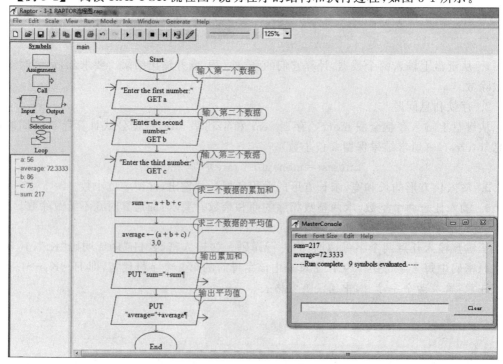

图 3-1 RAPTOR 顺序结构

通过本例可知,RAPTOR程序执行的顺序是从开始(Star)符号起步,依次按照流程线所指方向顺序执行每个符号,直到结束(End)符号停止。这种执行方式就如同日常生活中,对事件"按部就班、依次进行"处理,不能进行任何选择,因此把这种执行方式称之为顺序结构。

1. 顺序结构

顺序结构是最简单的程序结构,本质上就是按照每个符号的先后顺序依次执行。一般情况下,顺序结构的基本框架主要由三大部分构成:一是输入程序所需的数据或者对所需数据进行赋值;二是对数据进行处理;三是对数据进行输出。

如上面例3-1顺序结构基本框架如图3-2所示。

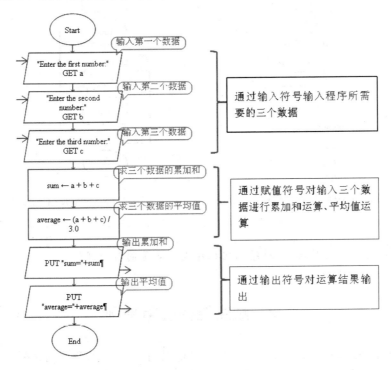

图3-2 RAPTOR顺序结构基本框架

由此可见,利用顺序结构设计的程序,只能按照符号的先后顺序逐条地执行,不能跳转。这样,一旦发生特殊情况,无法进行特殊处理,但在实际生活中,很多时候需要根据不同的判定条件执行不同的操作步骤,这就需要采用选择结构进行处理。

2. 选择结构

在日常生活中,有很多事情都是需要根据条件判断是否执行,如"如果明天是周末,我们就不上班,否则就上班",这里的"明天是不是周末"作为判断"是否上班"的条件。因此,选择结构程序设计是依据条件成立与否进行选择执行不同操作的一种程序设计方法,这种结构称之为选择结构,又称为分支结构。

RAPTOR程序中的选择结构是使用一个菱形符号表示,用"Yes/No"表示"条件"的求解结果。当程序执行时,要根据"条件"是否成立选择执行的不同操作,如图3-3所示。如果条件判断为真(Yes),则执行左侧分支操作,否则执行右侧分支操作,但不可能两个分支被同时执行。这里"条件"是指条件表达式,条件表达式的构成是由关系运算符或者布尔运算符所构成的表达式。

3. 循环结构

循环结构是允许重复执行一个或多个语句，直到条件表达式的结果为"Yes"。在 RAPTOR 中，用一个椭圆和一个菱形符号表示一个循环结构。需要重复执行的部分（循环体）由菱形符号中的条件表达式控制。在执行过程中，如果条件表达式结果为"No"，则执行循环体；如果条件表达结果为"Yes"，则循环结束，如图 3-4 所示。

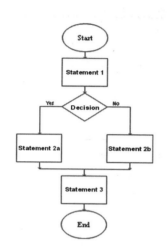

图 3-3 RAPTOR 选择结构

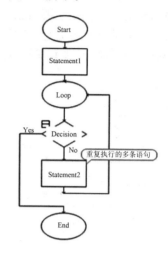

图 3-4 RAPTOR 循环结构

 注意：编写程序的时候，三种结构化程序设计多是同时出现的。

3.2 顺序结构应用举例

正如 3.1 节所介绍的，顺序结构是程序设计的最简单的结构，程序的执行是按照符号的先后顺序逐条地执行，这种顺序处理方式在日常生活中随处可见。

程序设计者要想利用计算机解决日常生活中问题，首先要确定问题的解决方案，该方案需要哪些语句，以及语句的执行顺序，这就是求解问题的步骤，即算法设计。下面给出两个以顺序结构设计的应用实例。

【例 3-2】 存款本利计算问题。

假设银行定期存款的年利率（rate）为 3.5%，存款期为 n 年，存款本金为 capital 元，则 n 年后可得到本利之和是多少？

问题分析：要是想利用计算机实现该问题的求解，只需要知道存款本金 capital 和存款期限 n 年，通过数学公式 deposit＝capital ＊ $(1＋rate)^n$ 可求得 n 年后本利之和。其算法表示如下。

Step 1：使用输入符号对存款本金 capital 和存款期限 n 年进行输入；

Step 2：使用赋值符号计算 n 年后本利之和；

Step 3：使用输出符号，输出结果。

解 RAPTOR 程序实现，如图 3-5 所示。

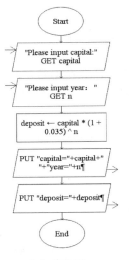

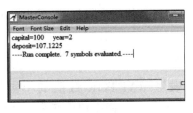

(a) 流程图   (b) 运行结果

图 3-5 银行存款示例 RAPOTR 流程图和运行结果

【例 3-3】 温度转换问题。

2011 年夏季,热浪席卷了全球的大部分地方。网上报道美国局部地区的温度达到了 100 华氏度,而我们国内的温度多在 38 摄氏度。那么 38 摄氏度和 100 华氏度到底哪个更热一些呢?请你帮忙编写一个程序来解决这个问题。

从键盘上输入一个华氏温度,求出其对应的摄氏温度。计算公式如下:

$$C = \frac{5 \times (F - 32)}{9}$$

其中 C 表示摄氏温度,F 表示华氏温度。

问题分析:本题需要从键盘上输入一个 F,通过表达式的运算后,求得 C 的值就是转换后的结果。其算法表示如下。

Step 1:使用输入符号从键盘上接收输入的华氏温度;

Step 2:使用赋值符号计算华氏温度转换为摄氏温度;

Step 3:使用输出符号,输出转换后摄氏温度值。

解 RAPTOR 程序实现,如图 3-6 所示。

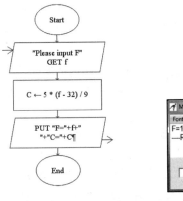

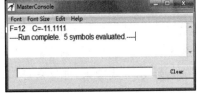

(a) 流程图   (b) 运行结果

图 3-6 温度转换示例 RAPOTR 流程图和运行结果

思考:赋值符号中的表达式 5＊(f－32)/9 是否还有其他的表示形式?

以上两个例题都是利用顺序结构对问题求解,程序设计者在编写正确语句同时还需要确定语句在程序中放置的位置。如果将上面两个例子中获取和处理数据进行交换放置的位置,程序执行就会出现错误。

由此可见,虽然顺序结构很简单,但也蕴含着一定的算法规律,即第一步输入算法所需的数据;第二步进行运算和数据处理;第三步输出运算结果数据。

 课后讨论

能力拓展:设置 RAPTOR 数值的小数精度

本章中例 3.2 与例 3.3 两个程序运行的结果中都含有小数部分,根据前面所学的知识,你能使用 set_precision()函数将执行的结果数据保留 1 位小数吗?

本 章 小 结

本章首先介绍了结构化程序设计的三种基本结构,然后重点讲解了如何使用顺序结构设计程序。虽然顺序结构设计程序很简单,但也蕴含了一些简单算法,充分让读者体会了把传统程序设计的"写程序"过程变成了"画程序",更加便于初学者阅读、理解、调试和运行。作者在编写程序过程中,也深切感受到由于程序语言的便利,给人带来在进行逻辑思维和辨析时的愉悦。

习 题

1. 小神探 CoCo 在某次案件调查中需要研究一些地图,但是其中一些地图使用千米为单位,而另一些使用英里为单位。假设 CoCo 希望全部采用千米计量,你可以帮她写出转换程序吗? 已知 1 英里等于 1.609 千米。要求:从键盘输入以英里表示的距离,输出以千米表示的距离,结果保留 1 位小数。

2. 夏天用电高峰时容易断电,请编写程序预测断电一段时间以后冰箱冷冻室的温度 $T(℃)$。假设该温度 T 可由以下公式计算得到结果:$T=4t^2/(t+2)-20$ (t 是断电后经过的时间,单位为小时)

要求:从键盘输入断电后经过的时间 t,输出断电 t 小时后冰箱内的温度(结果保留 2 位小数)

3. 编写程序,从键盘上输入一个三位正整数,分别求出其个位、十位和百位数字,并计算三位数字之和。

【提示】 要计算三位整数各个数位的和,首先需要将个位、十位、百位分离出来,然后进行求和。三位整数各个数位分离的方法有多种,常用的方法是利用除和取余运算符。例如三位数 328 要想将百位上的"3"分离出来,可以采用 328 除以 100 的方法。分离出十位上的"2",可以采用 328 除以 100 取余运算后再除以 10 的方法,依此类推,再分离出个位上的"8"。

第4章 用 RAPTOR 选择结构实现分支判断

选择结构是结构化程序设计三种基本结构之一。在大多数结构化程序设计问题中读者都会遇到选择问题,因此熟练掌握运用选择结构进行程序设计是必须具备的能力。本章将循序渐进地介绍在 RAPTOR 程序中使用选择结构进行程序设计。

本章学习目标:

通过本章学习,你将能够:

☑ 了解选择结构程序设计应用的场合;

☑ 掌握简单分支结构和分支嵌套结构的程序设计的方法;

☑ 学会熟练利用选择结构设计程序和实现算法。

4.1 选择结构应用的场合

通过前面章节的学习,我们已经掌握了顺序结构的设计方法,即按照语句的先后顺序依次执行。但在现实生活中有很多问题仅仅使用顺序结构方式是无法解决的,还需要根据某些"条件"来确定下一步如何做,例如:

(1)计算某年是否为闰年;

(2)如果输入的三角形三条边,能够构成一个三角形,则计算三角形的面积;

(3)根据空气质量指数 PM2.5,判断空气质量的等级(空气质量为优、空气质量为良、空气质量为轻度污染、空气质量为中度污染、空气质量为重度污染、空气质量为严重污染)。

要解决上面的问题就需要分情况处理,因此需要引入选择结构的方式更改程序的执行顺序以满足复杂的功能的需求。下面先看一个例子。

【例 4-1】 从键盘上输入某年的年份,判断该年 Year 是否为闰年。

问题分析:任意输入一个年份,判断该年份是否为闰年,若是闰年,输出该年份并显示"The year is leap year"的提示信息,否则输出该年份并显示"The year isn't leap year"的提示信息。

通常判断某年是否为闰年,有以下两种情况。

① 能被 400 整除;

② 能被 4 整除但不能被 100 整除。

假设在程序中用变量 year 表示该年的年份,则上述用关系表达式表示如下。

① year mod 400＝0;

② (year mod 4＝0) and (year mod 100！＝0)

根据实际情况可知在上述两种情况中,只要能让其中任何一种成立,即可判定该年为闰年,因此最终用来判断某年是否为闰年的关系表达式为

(year mod 400 = 0)or (year mod 4 = 0) and (year mod 100! = 0)

其算法表示如下。

Step 1:任意输入一个年份;

Step 2:判断该年份是否为闰年;

Step 3:输出结果,若是闰年,则输出该年份并显示"The year is leap year."的提示信息,否则输出"The year isn't leap year"。

解 RAPTOR 程序实现,如图 4-1 所示。

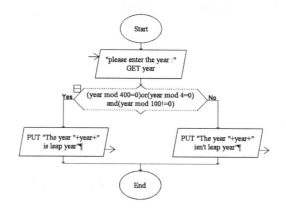

图 4-1 判断是否为闰年 RAPTOR 示例流程图

当用户在运行程序时,根据程序提示从键盘输入不同数据,程序将得到两种不同运行结果。

(1)输入 Year 为 2000,如图 4-2 所示。

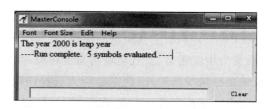

图 4-2 输入 Year 为 2000 的运行结果

(2)输入 Year 为 2015,如图 4-3 所示。

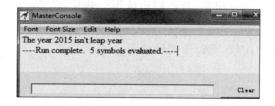

图 4-3 输入 Year 为 2015 的运行结果

通过上面的例题可以看出,利用选择结构设计程序,它是根据条件成立与否来选择执行

不同操作的一种程序设计方法,这种结构又称之为分支结构。具体使用规则请读者继续学习下面章节内容。

4.2 用基本选择结构实现分支判断

4.2.1 简单分支结构

一般情况下,在选择结构中程序需要依据条件选择执行某一条路径。如 4.1 节中例题4-1,当程序运行时,根据闰年的条件判断输入的年份是否为闰年,这个条件称之为控制条件。在 RAPTOR 程序中使用菱形框给出控制条件,当程序执行时,如果条件成立(Yes),程序控制则执行左分支语句;如果条件不成立(No),程序控制则执行右分支语句,我们把这种选择结构称之为双分支结构。

如果将程序改写为如图 4-4 所示。

当用户在运行程序时,根据程序提示再次输入 2000 和 2015 时,程序运行结果与例 4.1不同在于。

(1)输入 Year 为 2000,运行结果如图 4-5所示。

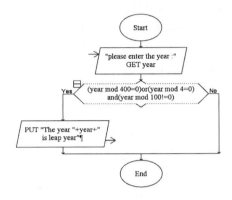

图 4-4 判断是否为闰年 RAPTOR 示例流程图

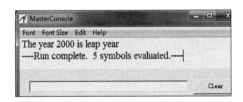

图 4-5 输入 Year 为 2000 的运行结果

(2)输入 Year 为 2015,运行结果如图 4-6 所示。

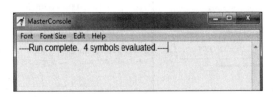

图 4-6 输入 Year 为 2015 的运行结果

通过图 4-4 可以看到,即使这里的右分支语句为空,当程序执行时,只要条件不成立,依旧要执行空语句(即什么也不做),我们把这种选择结构称之为单分支结构。

由此可见,选择控制语句的两个路径之一可能是空也可能是一条或者多条语句。如果两个路径同时为空或包含完全相同的语句,则是不合适的。因为无论选择控制的结果如何,对程序的运行过程都没有影响。

【例 4-2】 求解一元二次方程的根。

用公式法编程计算一元二次方程 $ax^2+bx+c=0$ 的根,其中 a,b 和 c 由键盘输入。

问题分析:根据一元二次方程的求根公式 $x=\dfrac{-b\pm\sqrt{b^2-4ac}}{2a}$,则方程的两个根分别为

$$x_1=\frac{-b+\sqrt{b^2-4ac}}{2a}, x_2=\frac{-b-\sqrt{b^2-4ac}}{2a}$$

其算法表示如下。

Step 1:输入 a,b 和 c;

Step 2:计算判别式 $disc=b^2-4ac$;

Step 3:如果 $b^2-4ac<0$,则该方程无实根;否则该方程有两个实根 x_1、x_2;

Step 4:输出 x_1、x_2 的结果。

解 RAPTOR 程序实现,如图 4-7 所示。

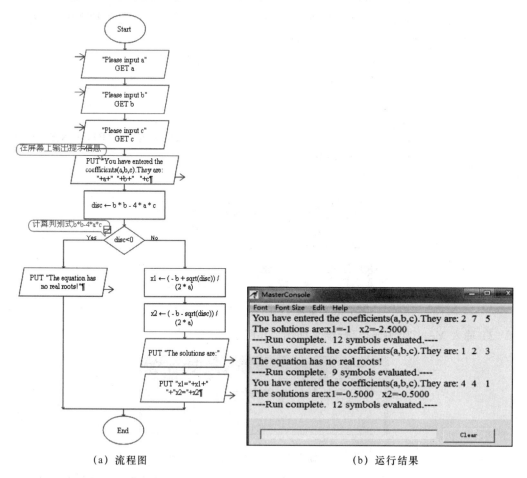

(a) 流程图　　　　　　　　(b) 运行结果

图 4-7 求解一元二次方程的根 RAPTOR 示例流程图和运行结果

在本例中可以看出,当 $b^2-4ac<0$ 时,程序将执行选择结构的左分支语句,打印一条消息告诉用户这个方程无实根,否则程序将执行选择结构的右分支语句,求解一元二次方程的两个实数根 x_1、x_2。这种选择结构我们在前面介绍过,称之为双分支结构。

 课后讨论

💡 **思考:**请读者阅读下列 RAPTOR 程序,如图 4-8 所示,程序运行结果为什么不正确? 你能找到原因吗?

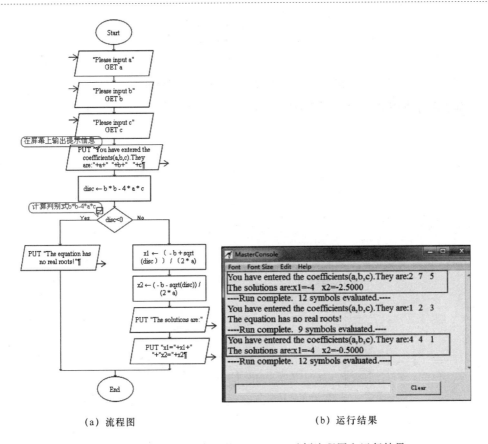

(a) 流程图　　　　　　　　　(b) 运行结果

图 4-8　求解一元二次方程的 RAPTOR 示例流程图和运行结果

4.2.2 分支嵌套结构

在 4.2.1 节中介绍了利用双分支结构求解一元二次方程的方案(图 4-7 所示)显然有了些进步,不过仍然有一些不足。细心的读者可能会注意到一个问题,当输入的系数分别为 4、4、1 时,求解的实数根 x_1、x_2 的值相同,这个结果是正确的吗? 还是因为程序错误而造成了将同一个数字打印了两次? 仔细观察分析 RAPTOR 程序,不难发现,这是一个正确的结果。之所以有些读者可能对输出结果产生困惑,主要的原因是在设计程序时,使用了双分支结构,仅对 $b^2-4ac<0$ 进行判断。为了避免这种令人费解的情况出现,我们应该对 $b^2-4ac=0$ 时,会出现相等实数根进行考虑分析。

要想解决 $b^2-4ac=0$ 的情况,一种解决方案就是在程序中使用两个选择结构。在一个 RAPTOR 选择结构可以包含另一个选择结构(即虚线框内部分),如图 4-9 所示,把这种形式称之为分支嵌套结构。

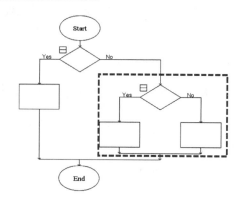

图 4-9   RAPTOR 分支嵌套结构流程图

下面使用分支嵌套结构实现该程序,如图 4-10 所示。

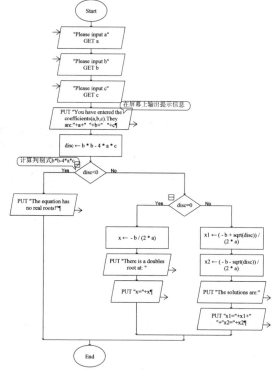

（a）流程图

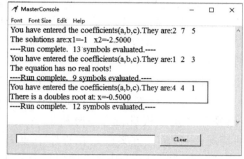

（b）运行结果

图 4-10   求解一元二次方程 RAPTOR 分支嵌套结构的示例流程图和运行结果

仔细观察本例流程图,会发现有三条路径,disc变量的结果值决定了具体执行的哪条路径。顶层结构是一个选择结构,判断 disc<0 是否成立,如果成立,则执行左分支语句,打印一条消息告诉用户这个方程无实根;如果不成立(即 disc 变量值大于等于 0),则执行右分支语句,而在右分支上又出现了一个选择结构,判断 disc=0 是否成立,如果 disc=0 成立,求解两个相等实数根;如果不成立,求解两个不相等实数根 x_1、x_2。

由此可见,上面程序使用分支嵌套实现一个三分支决策,同样,利用分支嵌套结构还可以实现五分支决策,甚至于多分支决策,如图 4-11 所示。这里要强调的是在有些高级语言中提供多分支决策的结构,但在 RAPTOR 中不存在多分支决策结构。

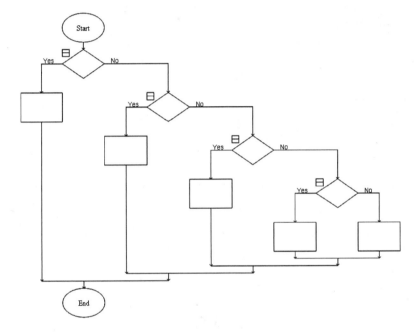

图 4-11 RAPTOR 分支嵌套结构实现五分支决策流程图

下面仍然以求解一元二次方程的问题为例,介绍利用 RAPTOR 分支嵌套结构实现多分支决策。先看一下程序运行结果,如图 4-12 所示。

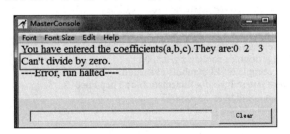

图 4-12 求解一元二次方程 RAPTOR 程序运行结果

可以注意到,当输入系数 a 的值为 0 时,程序运行出现错误。这是因为当 a 为 0 时,x_1 接受了一个除数为 0 的非法输入,而实际上当 a 为 0 的情况下,一元二次方程变成一元一次方程,有唯一解。为此,程序可以修改为如图 4-13 所示。

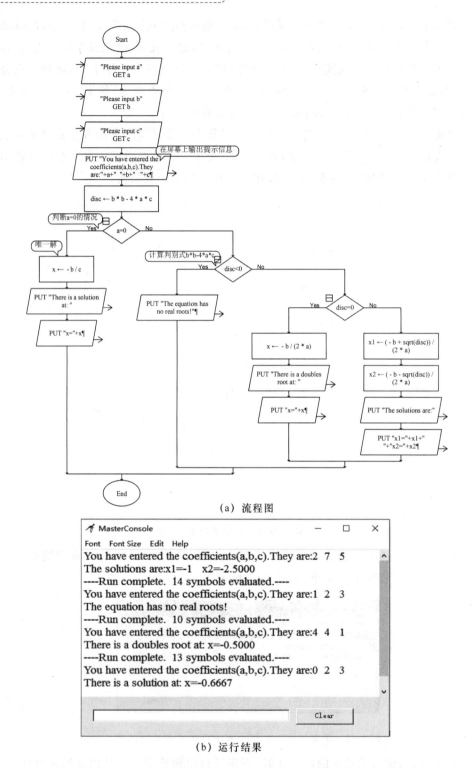

（a）流程图

（b）运行结果

图 4-13　求解一元二次方程 RAPTOR 程序多分支决策的示例流程图和运行结果

　　这种利用分支嵌套结构实现多分支决策在实际应用中也很多,下面看一个 PM2.5 空气污染指数分级的例子。

【**例 4-3**】 PM2.5 空气污染指数分级。

空气污染是当下大家比较关心的问题,PM2.5 是指大气中直径小于或等于 2.5 微米的颗粒物,是衡量空气污染的重要指标。目前空气质量等级按照 PM2.5 浓度值划分为六级,如表 4-1 所示。

表 4-1　空气质量等级划分

PM2.5 浓度值(PM)	空气质量类型
PM＜35	优
35≤PM＜75	良
75≤PM＜115	轻度污染
115≤PM＜150	中度污染
150≤PM＜250	重度污染
PM≥250	严重污染

编写程序,根据 PM2.5 浓度值给出空气质量等级及提示信息。例如,PM2.5 值在 35 微克/立方米以下空气质量为优,建议户外运动的提示。

问题分析:此问题就需要使用分支嵌套结构实现多分支决策,解决不同 PM2.5 值。

解　RAPTOR 程序实现,如图 4-14 所示。

举一反三

仿照上例,编写程序:根据学生分数,评定成绩的等级。要求输入一个学生的考试成绩(0～100),输出其分数和对应的等级。学生成绩共分为 5 个等级:90～100 分为 A;80～89 分为 B、70～79 分为 C、60～69 分为 D、0～59 分为 E。

【**例 4-4**】 居民用水实行阶梯水价。

为了节约用水,天津市 2015 年 11 月起居民用水实行阶梯水价,实施要求如表 4-2 所示。编写程序,求出不同用户类型下不同用水量的应缴纳水费价格。

表 4-2　居民用水阶梯水价

类型	阶梯设置	户年用水量(m³)	单价(元/ m³)	应缴纳水价(元)
"家庭"居民用户	第一级	0～180	4.9	用水量 * 4.9
	第二级	181～240	6.2	180 * 4.9+(用水量－180) * 6.2
	第三级	240 以上	8	180 * 4.9+60 * 6.2+(用水量－240) * 8
"个人"居民用户			4.9	用水量 * 4.9
非居民用户			5.55	用水量 * 5.55

问题分析:从题目可知,根据不同用户类型下不同用水量判断应缴纳水费价格是多少。这种比较复杂的选择问题,也需要使用分支嵌套结构实现。

解　RAPTOR 程序实现,如图 4-15 所示。

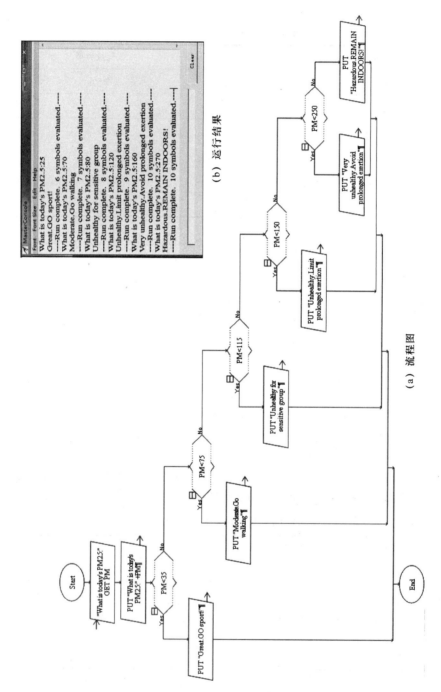

（a）流程图

（b）运行结果

图 4-14　空气污染指数分级问题的 RAPTOR 示例流程图和运行结果

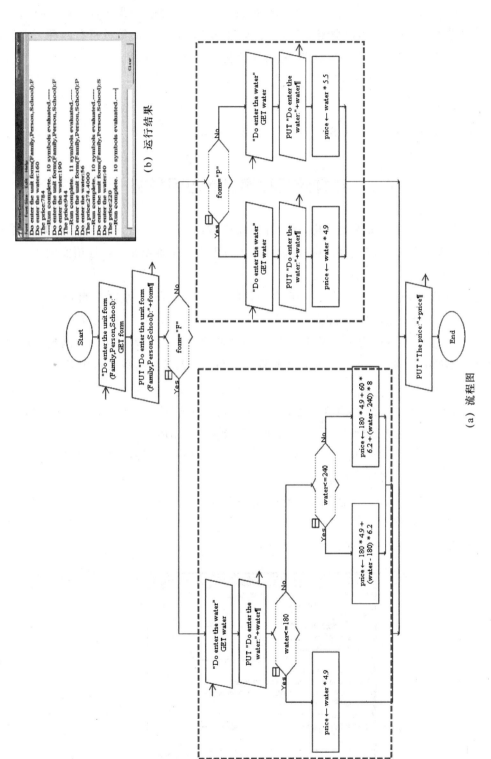

（a）流程图

（b）运行结果

图 4-15 居民用水实行阶梯水价问题的 RAPTOR 示例流程图和运行结果

从本例题可以看出，当程序执行到 Form＝"F"时，判断从键盘输入的字符串是否等于"F"。如果条件为真，就执行左分支语句的条件，继续判断用水量；如果条件为假，就执行右分支语句的条件，继续判断用户类型是否为"个人"。这里，第一个决策分析有两种可能性，每一个可能性又可能产生另外一个决策，这种决策机制称之为决策树。

 举一反三

仿照上例，编写程序，输入某年某月，求该月的天数。

4.3 选择结构程序设计应用举例

选择结构是程序设计的重要结构，在实际应用中被广泛的应用。熟练灵活地掌握选择结构不仅可以解决很多问题，也可以提高设计者思维能力。下面给出几个应用实例。

【例 4-5】 判断三角形形状。

编写以下程序，输入三角形的三条边，判断三角形的形状：等边三角形（equilateral triangle），等腰三角形（isosceles triangle），不构成三角形（non-triangle），一般三角形（triangle）。

问题分析：依据题意构成三角形的条件是：任意两边之和大于第三边。若满足条件，再依次判断三角形的形状是为等边三角形还是等腰三角形。其算法可以表示如下。

Step 1：输入三角形三条边 a、b、c；

Step 2：依据任意两边之和大于第三边的条件判断是否为三角形，即(a＋b)＞c and (a＋c)＞b and(b＋c)＞a 为 true，则再判断三角形的形状，否则不能构成三角形；

Step 3：若三角形三条边相等，即(a＝b) and (a＝c)为 true，则该三角形为等边三角形，否则判断三角形是否为等腰三角形；

Step 4：若三角形任意两条边相等，即(a＝b or b＝c or a＝c)为 true，则该三角形为等腰三角形，否则该三角形为一般三角形。

解 RAPTOR 程序的实现，如图 4-16 所示。

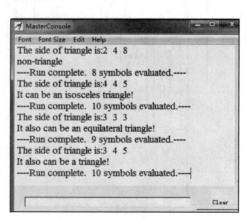

（b）运行结果

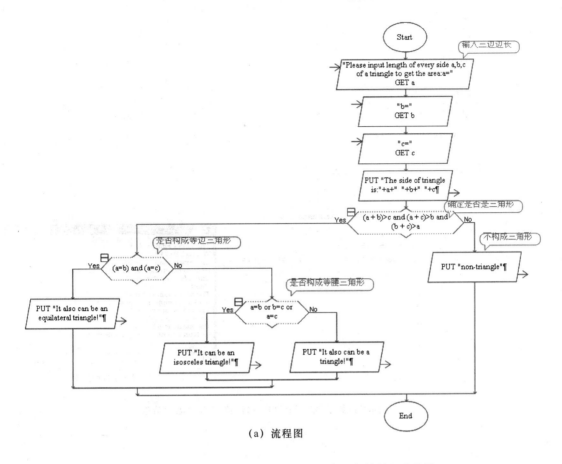

（a）流程图

图 4-16　判断三角形形状 RAPTOR 示例运行结果和流程图

 思考：请读者思考，如何增加对直角三角形的判断？

【**例 4-6**】　简单的猜数游戏。

编写一个简单的猜数游戏：先由计算机"想"一个 100 以内的正整数请玩家猜，如果玩家猜对了，则计算机给出提示"Right"，否则提示"Wrong"，并告诉玩家所猜的数是大还是小。

问题分析：本例程序难点是如何让计算机"想"一个数。"想"反映了一种随机性，可以使用 Random 随机函数实现。其算法可以表示如下。

Step 1：通过随机函数给出一个数 magic；

Step 2：输入玩家猜的数 guess；

Step 3：如果 guess>magic，则给出提示信息"Wrong! Too high!"；

Step 4：如果 guess<magic，则给出提示信息"Wrong! Too Low!"；

Step 5：如果 guess=magic，则给出提示信息："Right!"，并输出 guess 值。

解　RAPTOR 程序的实现，如图 4-17 所示。

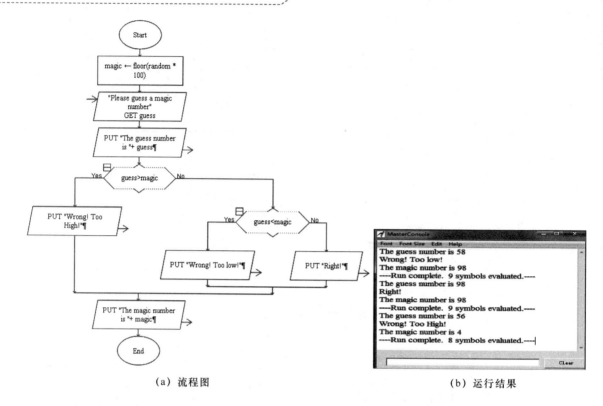

（a）流程图　　　　　　　　　　　（b）运行结果

图 4-17　简单猜数游戏 RAPTOR 示例流程图和运行结果

 举一反三

你能仿照上面例题,将程序改为控制计算机产生的数在三位数范围内?

【例 4-7】 求出三个数中最大值。

采用四种方法编写程序,根据计算机随机产生的三个 100 以内整数 x1、x2、x3,找出这 3 个数中的最大值。

问题分析:依据题意,要找出三个数中的最大值,其算法表示一定有三步:

Step 1:随机产生三个整数;

Step 2:找出三者中最大值;

Step 3:输出最大值。

这三步中最关键的是如何让计算机找出三个数中的最大值?

方法 1:顺序处理

要想从三个无序数中找出最大值,大部分人会考虑一个简单的策略,即从第 1 数开始逐个比较每个数,如果发现一个大的数记住这个大的数,依此类推,直到最后一个数。简单地说,这个策略就是顺序地扫描整个数字序列,找到最大的那个数字。

要想让计算机使用这种方法,就需要使用一个变量 maxvalue 来保存当前最大值,当程序扫描到队尾时,变量 maxvalue 自动保存了最大值,其算法表示如下。

Step 1:maxvalue＝x1;

Step 2:如果 x2＞maxvalue,则 maxvalue＝x2;

Step 3：如果 x3＞maxvalue，则 maxvalue＝x3。

解 RAPTOR 程序的实现，如图 4-18 所示。

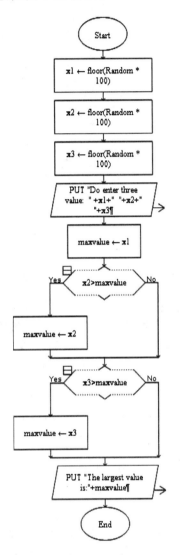

图 4-18 求三个数中最大值(方法 1)RAPTOR 示例流程图

从图 4-18 可以看出，利用顺序处理的方法求解三个整数中的最大值问题，采用两个单分支选择结构实现，程序结构简单清晰。若使用该方法求解四个整数中的最大问题仅需增加一个选择结构就可以实现，请读者自行尝试求解四个整数中的最大值。

方法 2：决策树

假设程序从 x1＞＝x2 开始，比较 x1 与 x2 的值大小，如果条件为真，就去判断 x1 与 x3 之间的大小，否则就去判断 x2 与 x3 之间的大小。这里第一个条件有两种可能性，每一个可以产生另一个决策，这就是我们前面给读者介绍的决策树，即分支嵌套结构的一种形式。其算法表示如下。

Step 1：如果 x1＞＝x2 条件为 true，则比较 x1＞＝x3，否则比较 x2＞＝x3；

Step 2：如果 x1＞＝x3 条件为 true，则最大值为 x1，否则最大值为 x3；

Step 3：如果 x2＞＝x3 条件为 true，则最大值为 x2，否则最大值为 x3。

解 RAPTOR 程序的实现，如图 4-19 所示。

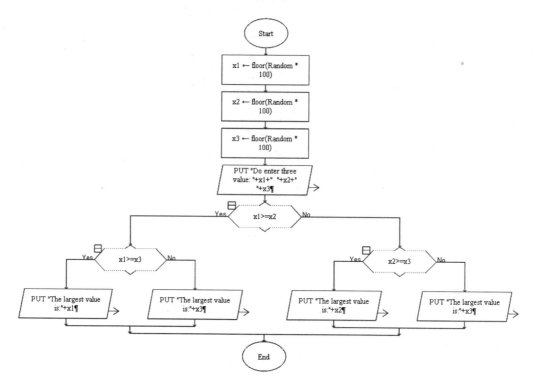

图 4-19　求三个数中最大值(方法 2)RAPTOR 示例流程图

从图 4-19 可以看到，不管给出数据是什么样顺序的三个值，只需两次比较，便可以找到最大值。然而，这种方法的结构较为复杂。如果尝试使用这种方法对多个数值进行比较求出最大值，它的复杂性会爆炸性地增长。读者可以尝试对五个值进行求解最大值。

方法 3：通盘比较

这种方法与第 1 种方法有些类似，所不同的是：将第 1 个数值 x1 分别与另外两个数进行比较，即(x1＞＝x2)and(x1＞＝x3)，如果条件为 true，则 x1 为最大值，反之条件为 false，则第 2 个数值×2 分别与另外两个数进行比较，即判断(x2＞＝x1)and(x2＞＝x3)条件是否成立。这样比较是因为当(x1＞＝x2)and(x1＞＝x3)表达式结果为假时，有可能 x1＞＝x2 为真，也有可能 x1＞＝x3 为真，所以要想确定哪个数值是最大值，还需要判断(x2＞＝x1)and(x2＞＝x3)的结果。其算法表示如下。

Step 1：如果 x1＞＝x2 and x1＞＝x3 条件为 true，则最大值为 x1，否则比较(x2＞＝x1)and(x2＞＝x3)；

Step 2：如果(x2＞＝x1)and(x2＞＝x3)条件为 true，则最大值为 x2，否则最大值为 x3。

解 RAPTOR 程序的实现，如图 4-20 所示。

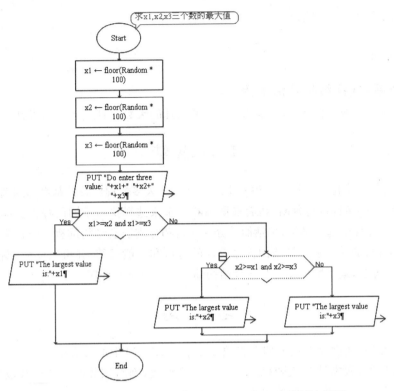

图 4-20　求三个数中最大值(方法 3)RAPTOR 示例流程图

方法 4:使用 RAPTOR 内置函数 max( )

除了自己设计算法外,也可以使用 RAPTOR 提供的内置函数,即返回最大值 MAX()函数来解决这个问题。max(math_expression,max_expression)函数用于返回两个数中的最大值。

解　RAPTOR 程序的实现,如图 4-21 所示。

显然,这种方法不需要任何算法的开发,是最为简洁的版本。

求三个数中最大值的问题只是一个简单的问题,通过解决简单问题可以阐明算法与程序设计的一些重要思想。

(1) 对于任何复杂的计算问题,都有许多解决方法。写程序前,首要找到一个正确的计算问题的方法,然后要仔细思考是否可以找到一个简洁高效的算法。良好的算法和程序应该逻辑清晰,易于阅读和维护。

(2) 通过考虑规模更大的更复杂的问题,有助于找到解决问题的最佳方案。现实中适当考虑程序的通用性,可能会得出一个更好的解决方案。

(3) 上述例题中最后一个方法使用了 RAPTOR 提供的内置函数来解决问题,显然是一个最佳解决问题的方案。学习利用计算机来解决问题,离不开反复的实践和练习,RAPTOR 也不例外,尽管它是

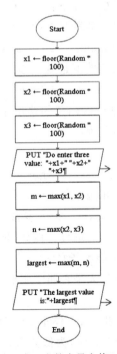

图 4-21　求三个数中最大值(方法 4)
RAPTOR 示例流程图

最容易掌握的程序设计环境。

 **课后讨论**

能力拓展:选择结构灵活运用

利用多种方法编写程序,输入某年某月,求该月的天数。请读者自行设计。

本 章 小 结

选择结构是结构化程序设计三种基本结构之一。大多数程序设计都会遇到选择结构。选择结构是对给定的条件进行判断,然后根据判断结果来选择执行不同的操作。本章介绍了在RAPTOR 程序设计中选择结构,包括简单分支结构和分支嵌套结构的程序设计方法。通过本章的学习,读者将能够了解选择结构程序设计的特点和一般规律,并可以读懂、编写和实现采用选择结构的算法,运用顺序结构和选择结构编写更为复杂的程序。

习 题

1. 编写程序,从键盘上输入四个整数 a、b、c、d,求出其中的最大值。

2. 编写程序,根据计算机随机产生一个三位整数,判断该数既是 5 的整数倍又是 7 的整数倍,若是则输出该数,否则输出不是。

输出格式如下:

如果该数既是 5 的整数倍又是 7 的整数倍,输出格式为

This number is the multiple of both 5 and 7:105

如果该数不是既是 5 的整数倍又是 7 的整数倍,输出格式为

"This number is not the multiple of both 5 and 7"

3. 某公园门票的票价是每人 50 元,一次购票满 30 张,每张可以少收 2 元。试编写自动计费系统程序。

要求:输入购票的张数,输出用户实际需要支付的金额。

4. 幼儿园自动分班。

某幼儿园招收 2~6 岁的孩子,2 岁、3 岁孩子进小班(lower class);4 岁孩子进中班(middle class);5 岁、6 岁孩子进大班(higher class)。编写分班程序,即输入孩子年龄,输出年龄及进入的班号。例如,输入 3,输出 age:3,enter lower class.

5. 智能电子秤。

判断某人是否属于肥胖体型。根据身高与体重的关系,得出"体征指数"与肥胖程度的关系如下:

体征指数 t = 体重 w/(身高 h) * 2,其中:w 的单位为 kg,h 的单位为 m。

当 $t < 18$ 时,为低体重;

当 $18 <= t < 25$ 时,为正常体重;

当 $t >= 25$ 时,为肥胖。

第 5 章 用 RAPTOR 循环结构实现重复操作

本章学习目标:

通过本章学习,你将能够:

☑ 掌握循环的概念及实现机理;

☑ 掌握循环结构设计的方法;

☑ 学会用循环结构解决实际问题。

5.1 RAPTOR 循环结构

5.1.1 为什么使用循环结构

到目前为止,无论是顺序结构还是选择结构设计的程序语句都只执行一次,但在实际问题中会遇到很多的具有规律性的重复运算或操作,如:

(1) 使用银行卡,密码只能重复输入三次,超过三次系统就自动锁定,这如何控制?

(2) 猜数游戏,只有当玩家猜对数字时,游戏才停止,否则允许玩家不断猜下去。

这样的例子很多,它们都是重复执行某些操作,这种重复执行就是循环,循环是计算机特别擅长的工作之一。

在解决含有重复执行操作的问题时,就需要考虑什么时候需要循环? 什么时候结束循环? 也就是说,重复工作需要进行控制,这是设计循环时必须要考虑的两个问题。不仅如此,循环并不是简单地重复,每次循环,操作的数据(状态、条件)都可能发生变化。

我们先分析下面的例子。

【例 5-1】 求 $1+2+3+\cdots+10$ 的累加和。

问题分析:这是一个简单求自然数 $1\sim10$ 的累加和问题。从数学角度分析,求解 $1\sim10$ 的累加和问题可以使用公式:(首项+末项)×项数÷2 的方法,但用计算机解决该问题又如何实现呢? 实现方法有几种呢?

算法 1:直接使用前面所学的顺序结构知识写出算式 $sum=1+2+3+4+5+\cdots+10$ 的累加和,如图 5-1 所示。但要是累加到 1 000 项呢,就需要写得很长且非常烦琐,这不适合编程。

算法 2:要求 $1+2+3+\cdots+10$ 的累加和,可以分解成几个步骤。

Step 1:在一个数都没有加时,最初的和肯定是 0,就有 S←0;

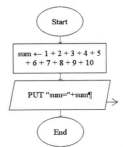

图 5-1 从 1 累加到 10 的算法 1 示例流程图

Step 2：初始和加上 1 得到第 1 项的累加和，即 S1←0＋1；

Step 3：第 1 项的累加和加上 2 得到前两项的累加和，即 S2←S1＋2；

......

Step 11：第 9 项的累加和加上 10 得到所有项的累加结果。

因此，要求解 1＋2＋3＋…＋10 的累加和就可以改写为(((((0＋1)＋2)＋3)＋…＋10)的形式计算，如图 5-2 所示。

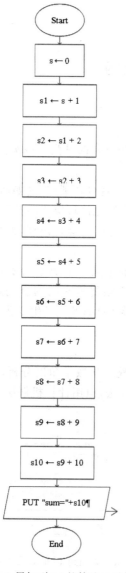

图 5-2　从 1 累加到 10 的算法 2 示例流程图

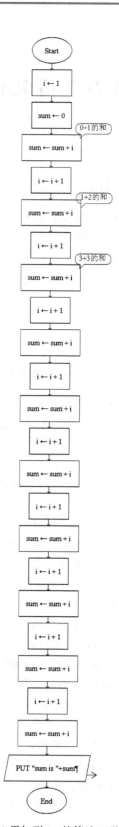

图 5-3　从 1 累加到 10 的算法 3 示例流程图

显然,算法 2 也同样麻烦,要写 11 步,同时要有 11 个变量存储每次运算的结果。同样,要是累加到 1 000 项,就需要有 1 000 个变量存储,这种算法同样也不适合编程。

算法 3:从算法 2 中可以看出一个规律,求累加和,在一个数都没有加时,最初的和肯定是 0,就有 S0←0,从第二步开始都是两个数相加,其中加数总是比前一步加数增加 1 后参与后一步加法运算,被加数总是前一步加法运算的和。因此,我们可以考虑用一个变量 i 存放加数,一个变量 sum 存放前一步的加法运算的和,那么每一步都可以写成 sum+i,然后将 sum+i 的和再次存放到 sum 中即 sum=sum+i。也就是说,sum 既代表被加数又代表加法运算的和,这样就可以得到算法 3,如图 5-3 所示。

算法 4:从算法 3 上可以看出程序重复执行的是 sum=sum+i 和 i=i+1 两条语句,而计算机对重复的操作可以用循环完成。在算法 3 的基础上采用循环方式实现算法 4,如图 5-4 所示。

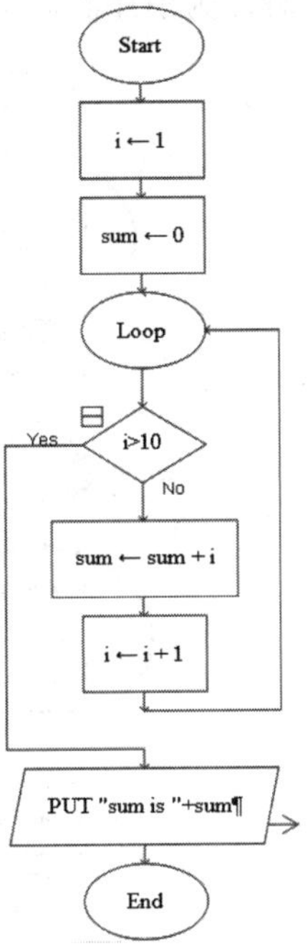

从算法 4 可以看到,程序重复执行累加和的操作,当重复的次数达到最后一个数字 10 时,就结束循环,这就是一个典型的循环结构程序。显然,使用循环方式解决该问题比前 3 种算法要方便得许多。

循环结构是结构化程序设计的基本结构之一,它与顺序结构、选择结构共同作为各种复杂程序的基本构造单元。按照结构化程序设计的观点,任何复杂的问题都可以用这三种基本结构编程实现,它们是复杂程序设计的基础。

图 5-4 从 1 累加到 10 的算法 4 示例流程图

5.1.2 RAPTOR 的循环结构

在前面 3.1 章我们介绍过 RAPTOR 中循环结构(Loop)是用一个椭圆和一个菱形符号表示。需要重复执行的部分(循环体)由菱形符号中的条件表达式控制。在执行过程中,如果条件表达式结果为"No",则执行循环体,否则循环结束。

因此 RAPTOR 循环结构与其他计算机高级语言一样,构成循环结构的三要素为循环初始值、循环条件以及循环体,例 5-1 算法 4 的 RAPTOR 程序循环结构的构成如图 5-5 所示。

在循环结构中,什么时候执行菱形符号中的条件表达式十分关键,它将决定循环执行时是先判断循环条件,还是先执行循环体语句? 下面就用例 5-1 算法 4 的 RAPTOR 程序来分析不同执行情况。

1. 先判断循环条件

先判断循环条件,也就是说在 RAPTOR 循环结构中,将循环体语句(要重复执行的语句)放在菱形符号的下方。循环开始前先对循环条件测试,一旦测试结果为"No",则执行循环体内的语句,反之测试结果为"Yes",则不执行循环体内的语句。这种方式在 RAPTOR 循环结构中称之为前序测试,如图 5-6 所示。

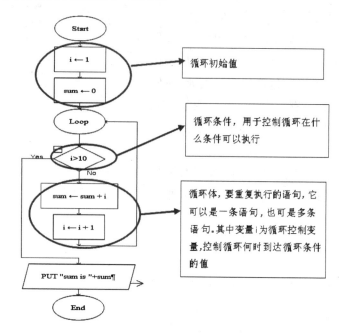

图 5-5　RAPTOR 循环结构构成

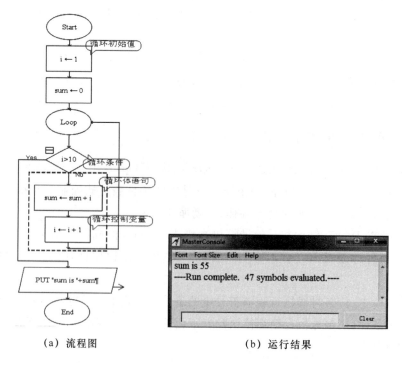

（a）流程图　　　　　　　　　　（b）运行结果

图 5-6　前序测试求解 10 以内累加 RAPTOR 示例流程图和运行结果

从执行结果可以看到,前序测试方式求解 10 以内数字累加和的结果为 55,算法需要运行 47 次(47 symbols evaluated)。

2. 先执行循环体语句

先执行循环体语句,也就是说在 RAPTOR 循环结构中,将循环体语句(要重复执行的语句)放在菱形符号的上方。循环开始前先执行循环体内语句,再判断循环条件。判断结果为"No",则继续执行循环,判断结果为"Yes",则结束循环。这种方式在 RAPTOR 循环结构中称之为后序测试,如图 5-7 所示。

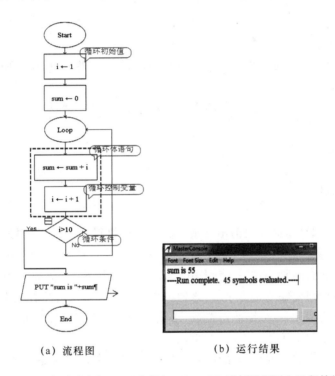

(a) 流程图   (b) 运行结果

图 5-7 后序测试求解 10 以内累加 RAPTOR 示例流程图和运行结果

从执行结果可以看到,后序测试方式求解 10 以内数字累加和的结果为 55,算法需要运行 45 次(45 symbols evaluated)。程序开始执行循环时,不管循环条件成立与否,都将先执行一次循环体语句,再进行判断循环条件。因此后序测试的特点是至少执行一次循环体内的语句。

从以上两种 RAPTOR 循环结构测试模式可以看出,循环体语句可以放置到菱形符号上方或下方,放置位置不同会影响算法的执行效率,所以什么时候进行判断循环条件是循环结构的十分关键之处。当然如果循环条件无法计算出"Yes",在这种情况下,程序就会出现永远不停止的无限循环,这种循环被称之为死循环。为了避免出现死循环的现象,在循环结构中必须要有循环控制变量,以保证循环条件可以计算出结果为"Yes"并能够退出循环。

不管是哪种循环测试方式,都需要通过判断条件和执行循环语句的循环结构方式实现,但是在实现过程中可能会有些区别,所以在解决问题时,要注意循环体语句放置的位置不同。

循环结构常用于解决累加求和、累乘求积、数据分类统计等这类问题。在解决这类问题中,往往又需要通过循环次数来控制循环结构的执行,而循环次数可以是已知,也可以是未知,为此循环条件就需要确定何时结束循环。下面介绍 3 种常用的循环结构应用实例。

1. 计数循环

循环结构常见形式就是按照特定的次数执行循环,即循环之前可以预知循环的次数。如 5.1.1 节中的例 5-1 算法 4,为了控制循环次数,在程序中设置一个循环控制变量,每次循环,该变量执行一次加法运算操作,当变量值累加到大于设定的上限值时,循环自动结束,这种方式就是计数循环。使用计数循环除了 Loop 语句外,还需要计数变量(也称之为循环控制变量),其操作要点包括:

(1) 循环开始前需要对计数变量进行初始化,如例 5-1 算法 4,在循环开始前对计数变量 i 初始赋值为 1;

(2) 在循环过程中要对计数变量的值进行修改,如例 5-1 算法 4,循环过程中对计数变量 i 执行 i＝i＋1 的操作;

(3) 将计数变量使用在循环条件中,用于终止循环。

由此可知,在计数循环中的计数变量 i 有两个作用,其一是作为控制循环次数;其二是每次被累加的整数值。

2. 输入循环

输入循环的问题是指循环之前不可预知循环需要执行多少次,需要通过用户输入一系列值后才能循环次数。

一般情况下,它有两种方法:一是让用户输入一个"特殊"的值表示用户完成数据的输入;二是事先询问用户要输入多少个值,该值可用于实现计数循环中控制循环的次数。

【例 5-2】 从键盘上输入若干正整数,求出所有输入正整数之和,并输出所有的正整数。要求:当输入整数小于等于 0 时,结束该操作。

问题分析:解决本题需要使用循环结构,但输入多少个正整数是不确定的,需要通过用户输入一个小于等于 0 的值表示用户完成数据的输入。其算法可以表示如下。

Step 1:输入第 1 个正整数 n;

Step 2:对求和变量 sum 赋初值;

Step 3:判断 $n<=0$ 是否成立,若成立,则执行 Step 6,否则转去执行 Step 4 和 Step 5;

Step 4:求解输入正整数的累加和,并输出该正整数 n 的值;

Step 5:继续输入下一个正整数 n,转去执行 Step 3;

Step 6:输出所有正整数和 sum 的值。

解 RAPTOR 程序实现,如图 5-8(a)所示。

【例 5-3】 将例 5-1 的题目改为求解 $1＋2＋3＋\cdots＋n$ 的值,其中 n 由用户指定。

问题分析:解决本题需要使用循环结构,通过事先询问用户要输入多少个值确定循环的次数。

解 RAPTOR 程序实现,如图 5-8(b)所示。

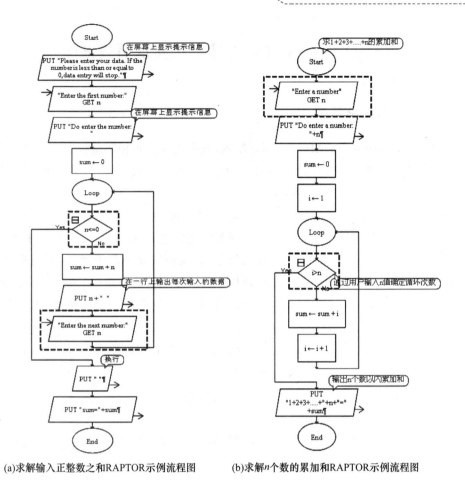

(a)求解输入正整数之和RAPTOR示例流程图　　　(b)求解n个数的累加和RAPTOR示例流程图

图 5-8　两种输入循环控制方法

　注意：上述程序循环结束条件是依据用户输入的"特殊"的值(虚框中)表示循环结束。

3. 输入验证循环

循环结构除了常用于以上两种形式外，还常用于输入的验证。如果用户输入的数据需要满足一定的约束，如输入人的年龄，程序要验证用户的输入，确保满足约束条件后，才可以执行循环。图 5-9 显示了 RAPTOR 验证用户输入年龄的一段 RAPTOR 程序。

从该段输入验证循环中可以看到，一般情况下，输入验证循环结构中的语句除了所需执行语句外，还应包括输入提示语句与判断输入不正确时输出错误信息的语句。

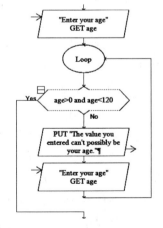

图 5-9　"输入年龄"验证循环方法

5.2 用 RAPTOR 循环结构实现重复操作

5.2.1 单重循环结构

只包含一个循环体的 RAPTOR 循环结构,被称之为单重循环结构,如图 5-10 所示。单重循环结构多用于解决级数问题(数列累加和、累乘求积)、数据处理、分类统计等问题。下面通过几个例子来体会单重循环结构。

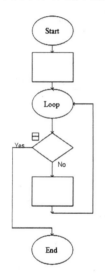

图 5-10 单重 RAPTOR 循环结构

1. 级数问题

级数问题解决的关键是:观察数列中的相邻项,找出规律,将规律转化为若干通式(所谓通式是指在循环体中被反复执行的语句)。为了将复杂问题简单化,通常将每一项的分子、分母、符号、求和等通式分开处理,这样做的好处是利于查找问题。

【例 5-4】 求下列数列之和,其中 n 值($n>=1$)从键盘上输入。

$$s=1+\frac{1}{1+2}+\frac{1}{1+2+3}+\cdots+\frac{1}{1+2+3+\cdots+n}$$

问题分析:观察数列 1,$\dfrac{1}{1+2}$,$\dfrac{1}{1+2+3}$,$\cdots$,$\dfrac{1}{1+2+3+\cdots+n}$,其分子全部为 1,分母除第一项之外,第 i 项的分母是在第 $i-1$ 项的分母加上一个数值 i,而这个整数值"i"是随着循环次数由 1 递增到 n,即整数值 i 为循环控制变量。所以该题使用循环结构实现,循环次数由 n 的值决定,循环体语句包括以下几个通式。

① 分母的通式:$m=m+i$;

② 循环控制变量的通式:$i=i+1$;

③ 当前项的通式:$t=1/m$;

④ 求和的通式:$s=s+t$。

其算法可以表示如下。

Step 1:输入 n 值;

Step 2:对循环控制变量 i、分母变量 m、求和变量 s 赋初值;

Step 3:判断 $i>n$ 是否成立,若成立,则执行 Step 6,否则执行 Step 4 和 Step 5;

Step 4:进行求分母 m、当前项 t、和 s;

Step 5:循环控制变量 i 加 1,转去执行 Step 3;

Step 6:分别输出 n 值、数列求和结果 s 值。

解 RAPTOR 程序实现,如图 5-11 所示。

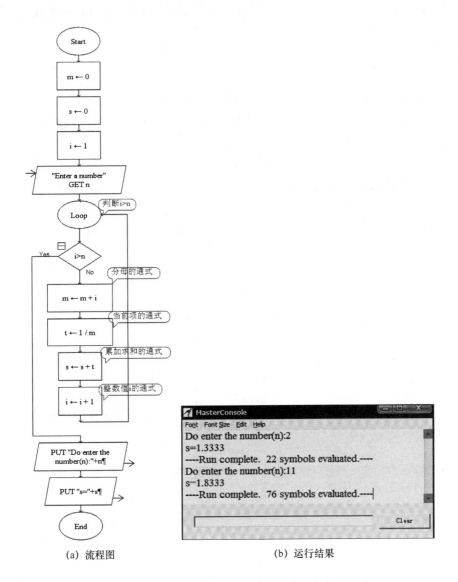

(a) 流程图　　　　　　　　(b) 运行结果

图 5-11　求数列之和 RAPTOR 示例流程图和运行结果

本例中使用单重循环结构解决级数问题,需要注意的是:第一,在循环之前需对各变量赋初值,请读者思考如何确定各变量的初值;第二,各通式的处理顺序要根据具体问题具体分析,本题是先求分母,再求当前项,最后求和。

【例 5-5】 求正整数 n 的阶乘 $n!$,其中 n 的值由用户输入。

问题分析:本题要求解 n 的阶乘,即 $n!=1\times2\times3\times\cdots\times n$,同样要考虑用循环结构解决该问题,循环的次数由 n 的值决定。通过对该数列观察分析可知,先求 $1!$,然后用 $1!\times2$ 得到 $2!$,用 $2!\times3$ 得到 $3!$,依此类推,直到用 $(i-1)!\times i$ 得到 $i!$ 为止,这里的 i 值是随着循环次数由 1 递增到 n,即为循环控制变量,于是计算阶乘的关系式为

$$i!=(i-1)!\times i$$

若用变量 fact 表示 $(i-1)!$，则只要将 fact 乘以 i 即可得到 $i!$ 的值，用通式表示累乘求积项 fact 为 fact＝fact * i。

其算法可以表示如下。

Step 1：输入 n 值；

Step 2：对循环控制变量 i、累乘求积变量 fact 赋初值；

Step 3：判断 $i>n$ 是否成立，若成立，则执行 Step 6，否则执行 Step 4 和 Step 5；

Step 4：求解累乘求积的当前项 fact＝fact * i；

Step 5：循环控制变量 i 加 1，转去执行 Step 3；

Step 6：分别输出 n 值、累乘求积项 fact 的值。

解 RAPTOR 程序实现，如图 5-12 所示。

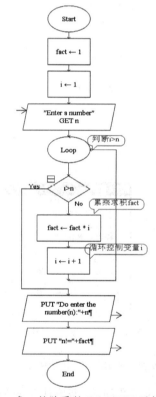

图 5-12　求 n 的阶乘的 RAPTOR 示例流程图

💡 **思考**：上面的例题中为什么将 fact 的初值设为 1 而不是 0？如果将其初值设为 0 会怎么样？

【例 5-6】 利用 $\dfrac{\pi}{4}=1-\dfrac{1}{3}+\dfrac{1}{5}-\dfrac{1}{7}+\cdots$ 计算 π 的值，直到最后一项的绝对值小于 10^{-4} 为止。要求统计总共累加了多少项？

问题分析：这也是一个累加求和问题，但与例 5-4 和例 5-5 所不同的是，本题要计算出累加项数,而且累加项以正负交替的规律出现,如何解决这类级数问题呢?

　　虽然本例求解问题较为复杂,但解级数问题的核心仍是找出数列的规律,将规律转化为若干通式。在本例中,通过观察该数列,其分子是按照 $+1,-1,+1,-1,\cdots$ 的规律交替变化,因此可以通过反复取其自身的相反数再重新赋值的方法,即分子 $n=-n$ 的方法实现累加项符号的正负交替变化;分母是按照 $1,3,5,7,\cdots\cdots$ 变化,即分母 $m=m+2$;当前项 $t=n/m$。所以该题仍然使用循环结构实现,循环终止条件为 $abs(t)\leqslant10^{-4}$,循环控制变量 i 累加结果即为累加的项数。

　　循环体语句包括以下几个通式。

　　① 分母的通式: $m=m+2$;

　　② 分子的通式: $n=-n$;

　　③ 循环控制变量的通式: $i=i+1$;

　　④ 当前项的通式: $t=n/m$;

　　⑤ 求和的通式: $s=s+t$。

　　其算法可以表示如下。

　　Step 1:对循环控制变量 i、分母变量 m、分子变量 n、求和变量 s 赋初值;

　　Step 2:求解当前项 t、和 s、分母 m、分子 n;

　　Step 3:循环控制变量 i 加 1;

　　Step 4:判断 $|t|\leqslant10^{-4}$ 是否成立,若成立,则执行 Step 5,否则执行 Step 2 和 Step 3;

　　Step 5:输出 i 的值、输出 $\pi=s*4$ 的计算结果值。

　　解　RAPTOR 程序实现,如图 5-13 所示。

　　思考:(1) 本题 RAPTOR 程序的实现采用后序测试,如果将该程序改为前序测试,如何修改程序?

　　(2) 本题为何没有对当前项 t 赋初值?

　　(3) 本题循环体内的通式的处理顺序是:先求当前项,再求累加和,最后求分母和分子。如果将循环体内的通式的处理顺序改为:先求累加和,再求当前项,最后求分母和分子,如何修改程序? 程序运行结果是否正确? 若输出结果是错误的,请读者分析错在哪里?

　　举一反三

　　仿照上面例题,计算 $\dfrac{1}{4}-\dfrac{4}{5}+\dfrac{7}{9}-\dfrac{10}{16}+\dfrac{13}{26}-\cdots$ 的前 n 项之和,其中 n 的值由用户输入。

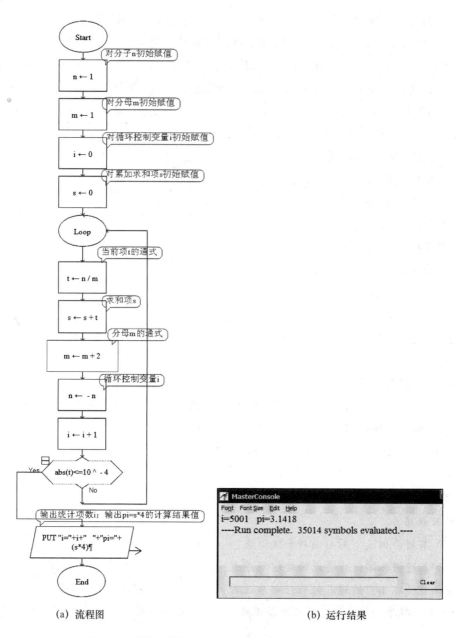

(a) 流程图   (b) 运行结果

图 5-13   计算 π 的值的 RAPTOR 示例流程图和运行结果

2. 数据处理问题

【例 5-7】 水仙花数。

求出所有的"水仙花数"。所谓"水仙花数"是指一个三位正整数,其各个数字立方和等于该数本身,例如,$153=1^3+5^3+3^3$,153 就是"水仙花数"。

问题分析:首先要确定"水仙花数"的范围要在 $100\sim999$;然后分离出这个数的百位 i、十位 j、个位 k;最后判断这个数是否等于 $i^3+j^3+k^3$,即可知道该数是否为"水仙花数"。

其算法可以表示如下。

Step 1:对三位正整数变量 num 赋初值;

Step 2：判断 num＞999 是否成立，若成立，则结束循环，否则执行 Step 3 和 Step 4；

Step 3：对三位正整数各个数位进行分离；

Step 4：判断 num＝$i^3+j^3+k^3$ 是否成立，若成立，则该三位正整数 num 为"水仙花数"，并输出该数；

Step 5：三位正整数 num 加 1，转去执行 Step 2。

解　RAPTOR 程序实现，如图 5-14 所示。

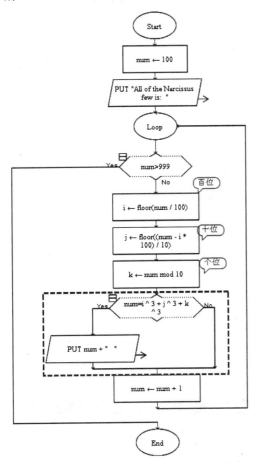
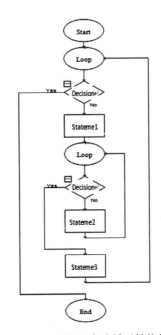

图 5-14　求水仙花数的 RAPTOR 示例流程图　　　图 5-15　RAPTOR 多重循环结构模型

本例中求解"水仙花数"问题，不再单独利用单重循环结构解决问题，而是在循环结构中嵌入了选择结构来判断 num 为何值时满足"水仙花数"的条件，即虚线框内部分。

由此可见，循环结构与选择结构、顺序结构可以共同构成解决各种复杂程序的基本构造单元。

5.2.2　多重循环结构

在循环结构中如果一个循环体内又包含了另一个完整的循环结构，即循环套循环，这种结构称为多重循环，也称之为嵌套循环。一般将处于内部的循环称为内循环（即虚线框内），处于外部的循环称为外循环，如图 5-15 所示。一般单重循环只有一个循环变量，双重循环具有两个循环变量,多重循环具有多个循环变量。多重循环结构多用于解决矩阵运算等问题。

多重循环是如何执行的呢?通过下面的程序了解多重循环的执行过程。

【例 5-8】 打印一个"三行四列"的数据矩阵。

问题分析:要想利用程序实现一个"三行四列"的数据矩阵,就需要用多重循环结构实现。一般情况下,外循环用于控制行数 i,内循环用于控制列数 j。

解　RAPTOR 程序实现,如图 5-16 所示。

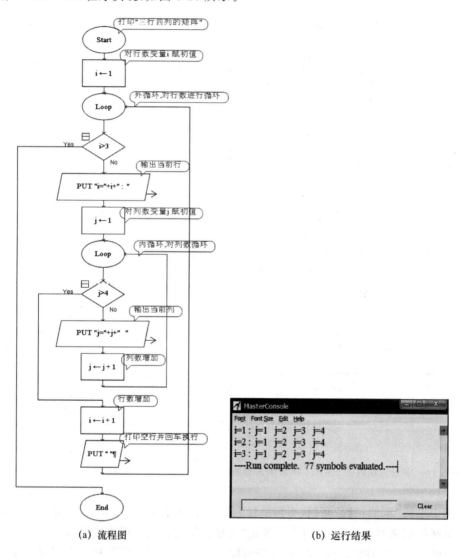

(a) 流程图　　　　　　(b) 运行结果

图 5-16　RAPTOR 多重循环示例流程图和运行结果

从程序运行结果可以看出,多重循环结构执行时,程序从外循环(对应 $i=1$)进入到内循环(对应 $j=1$)后,先执行内循环中的语句,直到内循环结束后再继续执行外循环,这样反复地执行,直到外循环结束后,多重循环结构执行才结束。由此可见,多重循环的执行顺序是由内向外逐层展开。表 5-1 所示多重循环执行过程中变量 i 和变量 j 的变化过程。

表 5-1 多重循环执行过程中变量 i 和变量 j 的变化过程

i 初始值	外循环次数	外循环终止条件 ($i>3$)	内循环次数	j 初始值	内循环终止条件 ($j>4$)	j 变化值	i 变化值
1			1	1	No	2	
	1	No	2		No	3	
			3		No	4	
			4		Yes		2
			1	1	No	2	
	2	No	2		No	3	
			3		No	4	
			4		Yes		3
			1	1	No	2	
	3	No	2		No	3	
			3		No	4	
			4		Yes		

使用多重循环结构时,需要注意以下几点:

(1) 一个循环体必须完完整整地嵌套在另一个循环体结构内;

(2) 多重循环的执行顺序是由内向外逐层展开;

(3) 多重循环的内外循环控制变量不应同名,以免造成循环控制的混乱。

【例 5-9】 打印如下形式的九九乘法表。

```
1*1=1   1*2=2    1*3=3    1*4=4    1*5=5    1*6=6    1*7=7    1*8=8    1*9=9
2*1=2   2*2=4    2*3=6    2*4=8    2*5=10   2*6=12   2*7=14   2*8=16   2*9=18
3*1=3   3*2=6    3*3=9    3*4=14   3*5=15   3*6=18   3*7=21   3*8=24   3*9=27
4*1=3   4*2=8    4*3=12   4*4=16   4*5=20   4*6=24   4*7=28   4*8=32   4*9=36
5*1=5   5*2=10   5*3=15   5*4=20   5*5=25   5*6=30   5*7=35   5*8=40   5*9=45
6*1=6   6*2=12   6*3=18   6*4=24   6*5=30   6*6=36   6*7=42   6*8=48   6*9=54
7*1=7   7*2=14   7*3=21   7*4=28   7*5=35   7*6=42   7*7=49   7*8=56   7*9=63
8*1=8   8*2=16   8*3=24   8*4=32   8*5=40   8*6=48   8*7=56   8*8=64   8*9=72
9*1=9   9*2=18   9*3=27   9*4=36   9*5=45   9*6=54   9*7=63   9*8=72   9*9=81
```

问题分析:乘法表中给出的是两个一位正整数相乘乘法表,即九九乘法表。若用变量 m 代表每个乘法算式中的被乘数,n 代表每个乘法算式中的乘数,则可以使用多重循环实现 9 行 9 列乘法表的打印,即用外层循环控制被乘数 m 从 1 变化到 9,内层循环控制乘数 n 从 1 变化到 9。

解 RAPTOR 程序实现,如图 5-17 所示。

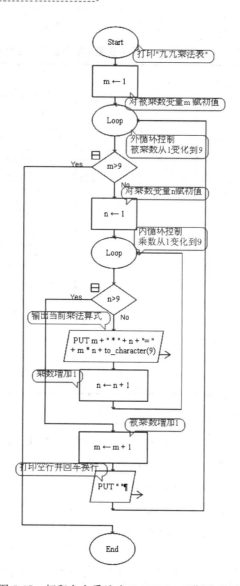

图 5-17　打印九九乘法表 RAPTOR 示例流程图

如果不习惯这种 9 行 9 列的九九乘法表,读者可以对例 5-9 的程序进行修改,从而得到以下形式的九九乘法表:

```
1 * 1＝1
1 * 2＝2    2 * 2＝4
1 * 3＝3    2 * 3＝6    3 * 3＝9
1 * 4＝4    2 * 4＝8    3 * 4＝12    4 * 4＝16
1 * 5＝5    2 * 5＝10   3 * 5＝15    4 * 5＝20    5 * 5＝25
1 * 6＝6    2 * 6＝12   3 * 6＝18    4 * 6＝24    5 * 6＝30    6 * 6＝36
1 * 7＝7    2 * 7＝14   3 * 7＝21    4 * 7＝28    5 * 7＝35    6 * 7＝42    7 * 7＝49
1 * 8＝8    2 * 8＝16   3 * 8＝24    4 * 8＝32    5 * 8＝40    6 * 8＝48    7 * 8＝56    8 * 8＝64
1 * 9＝9    2 * 9＝18   3 * 9＝27    4 * 9＝36    5 * 9＝45    6 * 9＝54    7 * 9＝63    8 * 9＝72    9 * 9＝81
```

举一反三：打印下列图形

1	1
22	12
333	123
4444	1234
55555	12345

【例 5-10】　用循环语句打印下列图案（等腰三角形）。

```
          *
         ***
        *****
       *******
      *********
     ***********
```

问题分析：这是一个典型的可采用多重循环结构方式解决的问题。从图案中可以看出：

① 该图案中一共有 6 行，打印时需一行一行地进行，设正在处理的行为第 i 行，则 i 为 1～6；

② 每行的字符个数与所在行有关，设 j 表示第 i 行第 j 个字符，则 j 为 1～2$*i-1$；

③ 每行的起始位置。设第一行起始位置为第 25 列，则第 1 行"$*$"字符之前有 24 个空格，第 i 行的"$*$"字符之前有 $25-i$ 个空格。

因此，采用三重循环结构实现：

第 1 层控制图案，一共有 6 行；

第 2 层控制列数，每行输出空格的个数；

第 3 层控制列数，每行输出"$*$"的个数。

解　RAPTOR 程序实现，如图 5-18 所示。

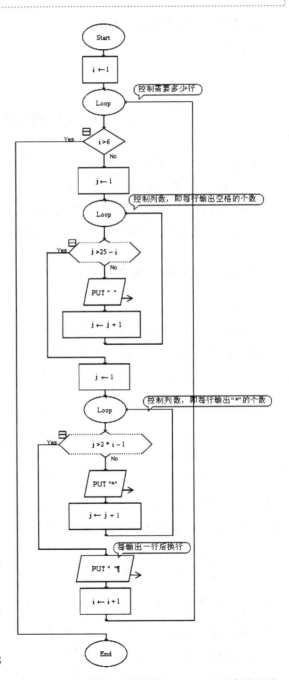

图 5-18　打印等腰三角形图案 RAPTOR 示例流程图

思考:请读者思考,上面的例题可否改为两重循环结构实现? 如果可以,如何实现?

技能训练:多重循环结构

请读者编写程序,将 1! ＋2! ＋3! ＋…＋10!,分别利用单重循环和两重循环两种方法解决。

5.3 循环结构程序设计应用举例

循环结构是程序设计中非常重要也是应用比较广泛的结构,必须灵活、熟练地掌握。本节给出了在实际应用中的典型实例,通过这些典型例题的学习和技能的训练,可以掌握一般的应用循环结构解决问题的方法。要细心体会每道题目的解题思路和技巧,通过大量的练习达到融会贯通的目的。下面给出几个应用实例。

5.3.1 枚举法求解不定方程

【例 5-11】 百钱百鸡问题。

古代数学家在《算经》中有一道题:"鸡翁一,值钱五;鸡母一,值钱三;鸡雏三,值钱一。百钱买百鸡,问鸡翁、母、雏各几何?"意思是:公鸡 5 文钱 1 只,母鸡 3 文钱 1 只,小鸡 1 文钱 3 只。用 100 文钱买 100 只鸡,问公鸡、母鸡、小鸡各有几只?

问题分析:设公鸡、母鸡和小鸡各有 x、y、z 只,按题意可得到下面方程组:

$$\begin{cases} x+y+z=100 \\ 5x+3y+\dfrac{z}{3}=100 \end{cases}$$

这是一个不定方程组,有多组解,用代数方法很难求解,一般采用枚举法求解这类问题。**所谓枚举法就是将所有可能的方案都逐一测试,从中找出符合指定要求的解答,这种方法也称之穷举法。它是计算机求解问题最常用的方法之一,也是最简单、最直接的统计计数方法。**

根据题意,共买 100 只鸡,那么确定 x、y、z 的取值范围均小于等于 100,枚举对象的筛选条件为三种鸡的总数 $x+y+z=100$ 和买鸡用去的钱 $5x+3y+\dfrac{z}{3}=100$ 且 z 是 3 的整数倍。该问题涉及 x、y、z 三个变量的枚举,需要使用三重循环实现。

解 RAPTOR 程序实现,如图 5-19 所示。

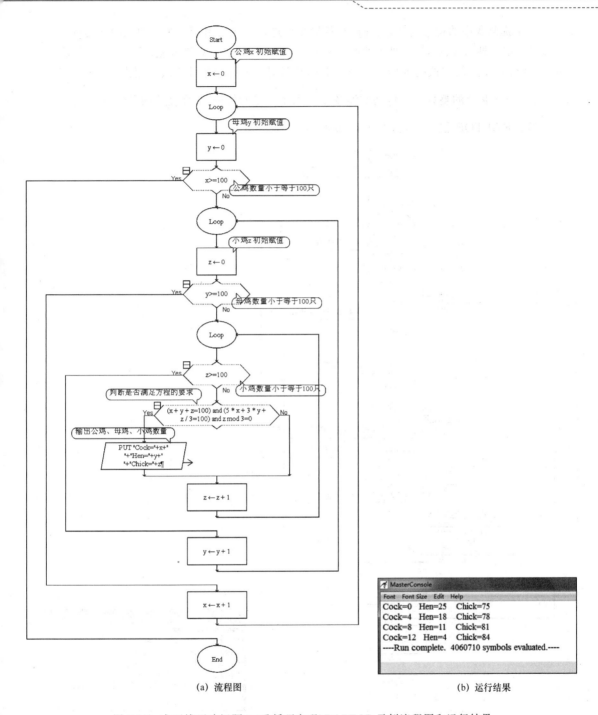

(a) 流程图　　　　　　　　　　　　　　　　　(b) 运行结果

图 5-19　求百钱百鸡问题(三重循环实现)RAPTOR 示例流程图和运行结果

　　上面的程序使用了三重循环结构实现,程序结构简单明了。但是我们设计程序不仅要正确无误,还要注意程序的执行效率。一般来说,在多重循环中,内层循环执行的次数等于该多重循环结构中每一层循环重复次数的乘积。例如,上面的程序中,每层循环都要执行100 次,这样程序执行下来,就会使得最内层的选择结构要执行的次数很多。所以在编写程序时,需要考虑尽可能减少循环执行的次数。

为了提高程序的运行效率,可在循环控制条件进行优化。由于购买三种鸡的和是固定,只要枚举其中二种鸡(x、y),第 3 种鸡就可以根据条件 $z=100-x-y$,这样就缩小了枚举范围。因此,只要确定 x、y 的取值范围均小于等于 100,枚举对象的筛选条件为买鸡用去的钱 $5x+3y+\dfrac{z}{3}=100$ 且 z 是 3 的整数倍。该问题涉及 x、y 两个变量的枚举,需要使用两重循环实现。

解 RAPTOR 程序实现,如图 5-20 所示。

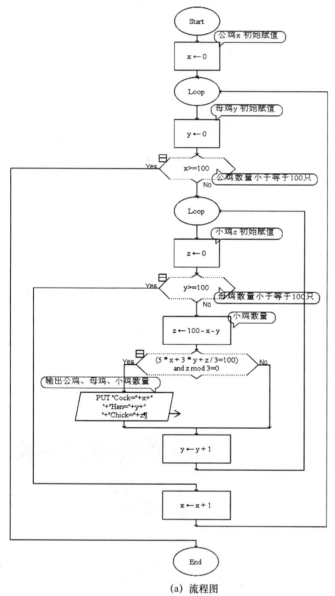

(a) 流程图

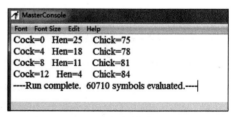

(b) 运行结果

图 5-20 求百钱百鸡问题(两重循环实现)RAPTOR 示例流程图和运行结果

图 5-20 给出程序利用两重循环实现,使得程序运行效率得到了一定的提高,请读者思考一下,如果确定 100 文钱最多可以购买 20 只母鸡或 33 只公鸡,而小鸡数量可由 $z=100-x-y$ 计算得到,则枚举变量 x、y 取值范围又可以缩小到多少呢?

利用以上启发的知识,请读者自行完成。

【例5-12】 跳绳问题。

赵老师组织110名同学进行分组跳绳活动,共有长绳和短绳25根。每2人一根短绳,每6人一根长绳分给各组,问短绳和长绳各有多少根?

问题分析:依据题意,要想求出短绳和长绳各有多少根,可以设长绳和短绳分别为long、short。按题意可得到下面方程组:

$$\begin{cases} short+long=25 \\ 2*short+6*long=110 \end{cases}$$

依据题意,长绳和短绳数量均小于25,即long、short的枚举范围均为0~25。枚举对象应同时满足以下两个筛选条件:

① 长绳和短绳总数量为25;

② 长绳和短绳使用量110。

则上述用关系表达式表示如下:

(short+long=25) and (2*short+6*long=110)

该问题涉及long、short两个变量的枚举,需要使用二重循环实现。

解 RAPTOR程序实现,如图5-21所示。

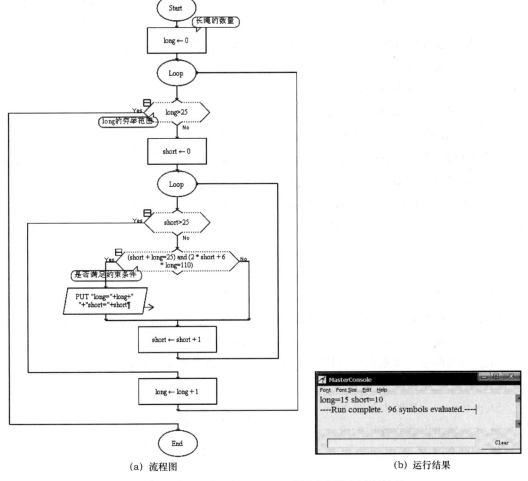

(a) 流程图   (b) 运行结果

图 5-21 求跳绳问题 RAPTOR 示例流程图和运行结果

5.3.2 递推问题求解

有一类问题,相邻的两项数据之间的变化有一定的规律性。

例如,数列 0,3,6,9,12,15,…

该数列的后一项的值是前一项的值加 3,欲求第 10 项,必须先用第 1 项的值加 3,得出第 2 项,然后再依次求出第 3 项,第 4 项,第 5 项,…,直到第 10 项,当然必须事先给定第 1 项的值(称为边界条件或初始条件)。

可以看出,第 n 项的值等于第 $n-1$ 项的值加 3。即:

$$a_n = \begin{cases} 0, & n=1 \\ a_{n-1}+3, & n>1 \end{cases}$$

这种在规定的初始条件下,找出后项对前项的依赖关系的操作,称为递推。表示某项与它前面若干项的关系式就称之为递推公式。这就是递推法,即根据具体问题,建立递推关系,在通过递推关系求解问题的方法。很多程序就是按这样的方法逐步求解的,让高速的计算机做这种重复运算,可真正起到"物尽其用"的效果。关于递推问题的详细内容将在以后章节再介绍。

利用递推法求解问题的一般步骤包括以下几步。

Step 1:确定递推变量;

Step 2:建立递推关系式;

Step 3:确定边界条件;

Step 4:利用循环结构实现递推求解问题。

【例 5-13】 有一组数列的规律如下:1,2,5,10,21,42,85,170,341,682,…。求出到第 20 项为止数列各项的值。

问题分析:从给出数列可以看出,偶数项是前一项的 2 倍,奇数项是前一项的 2 倍加 1,记第 k 项为 a_k,第 1 项 $a_1=1$,则递推关系式为

$$a_k = \begin{cases} 2a_{k-1}, & k \text{ 为偶数} \\ 2a_{k-1}+1, & k \text{ 为奇数} \end{cases}$$

其算法表示如下。

Step 1:初始化数列第 1 项 $a_1=1$ 和待求数列项数 $k=2$;

Step 2:判断 $k>20$ 是否成立,如果成立,则执行 Step 5,否则转去执行 Step 3;

Step 3:判断第 k 项是否为奇数项($k \bmod 2$)$=1$,如果成立,则执行递推式 $a_k=2a_{k-1}+1$,否则执行 $a_k=2a_{k-1}$;

Step 4:$k \leftarrow k+1$,转去执行 Step 2;

Step 5:输出该数列各项的值。

解 RAPTOR 程序实现,如图 5-22 所示。

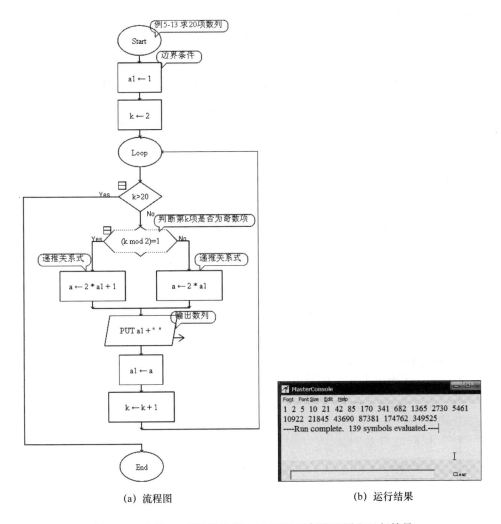

(a) 流程图　　　　　　　　　(b) 运行结果

图 5-22　求第 20 项数列的值 RAPTOR 示例流程图和运行结果

【例 5-14】 楼梯走法问题。

有一段楼梯有 10 级台阶,规定每一步只能跨一级或两级,问:要登上第 10 级台阶有多少种不同的走法?

问题分析:依据题意进行分析可知。

首先确定递推关系。设 k 级台阶的不同登法共 $f(k)$ 种,那么登上 10 级台阶共 $f(10)$ 种不同的爬法。登上第 10 级台阶之前在哪一级呢? 只能是位于第 9 级台阶(共 $f(9)$ 种不同的登法),跳 1 级台阶即可完成上山,或位于第 8 级台阶(共 $f(8)$ 种不同的爬法),跳 2 级台阶即可完成上山。因此,$f(10) = f(9) + f(8)$。依次类推,得到递推关系:

$$f(k) = f(k-1) + f(k-2) \quad (k>2)$$

当只有一级台阶时,只有一种登法,即 $f(1)=1$;当有 2 级台阶时,有两种登法,即 $f(2)=2$。因此,得到初始条件:$f(1)=1, f(2)=2$

由上面得到的递推关系和初始条件,依此类推,登上第三阶、第四阶…,不同登法为前两

个台阶走法数之和,即依次为 $1,2,3,5,8,13,21,34,55,89,\cdots$

从求出数列可以看出,前面相邻两项之和,构成了后一项,这个数列就是著名的裴波那契数列。

设 $f(k)$ 表示数列中第 k 项的数值,则 $f(1)=1,f(2)=2$ 是初始条件,递推关系式:

$$f(k)=f(k-1)+f(k-2)$$

解 RAPTOR 程序实现,如图 5-23 所示。

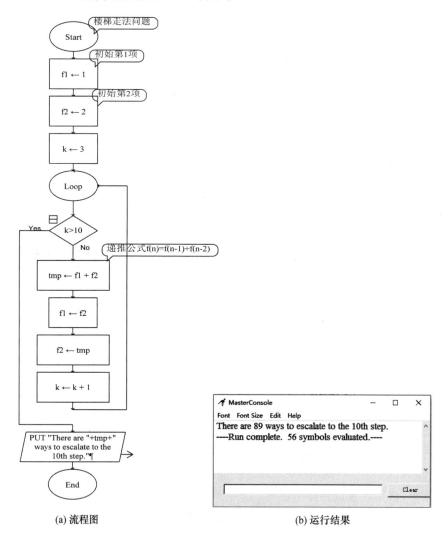

(a) 流程图　　　　　　(b) 运行结果

图 5-23　求楼梯走法问题的 RAPTOR 示例流程图和运行结果

5.3.3　逻辑问题求解

【例 5-15】　谁做的好事。

已知有四位同学中的一位做了好事,不留名,表扬信来了之后,校长问这四位是谁做的好事。

A 说:"不是我。"

B 说:"是 C。"

C 说："是 D。"

D 说："C 胡说。"

已知其中 3 个人说的是真话,1 个人说的是假话。现在要根据这些信息,编写程序,找出做了好事的人。

问题分析:为了解决这道题,需要逻辑思维与判断,下面把这 4 个人说的 4 句话写成关系表达式,使用变量 Thisman 表示要找的人,关系运算符"="表示"是",用"!="表示"不是"。则这 4 个人说的 4 句话使用关系表达式分别如下。

A 说:不是我。写成关系表达式为 Thisman!='A';

B 说:是 C。写成关系表达式为 Thisman='C';

C 说:是 D。写成关系表达式为 Thisman='D';

D 说:C 胡说。写成关系表达式为 Thisman!='D'。

如何找到该人,一定是"先假设该人是做好事的人,然后到每句话中去测试看有几句是真话",有 3 句是真话就确定是该人,否则换一人再试。

假如,先假定是 A 同学,让 Thisman='A',代入到 4 句话中。

A 说:Thisman!='A';'A'!='A'关系表达式结果为假;

B 说:Thisman='C';'A'='C'关系表达式结果为假;

C 说:Thisman='D';'A'='D'关系表达式结果为假;

D 说:Thisman!='D';'A'!='D'关系表达式结果为真。

依据已知条件"3 个人说的是真话,1 个人说的是假话",当假设 A 同学是要找的人,4 个人所说的话用关系表达式表示的结果:3 个人说的是假话 1 个人说的是真话。与已知条件相矛盾,显然,A 同学不是要找的做好事的人。

同理,再试 B 同学,让 Thisman='B',代入到 4 句话中。

A 说:Thisman!='A';'B'!='A'关系表达式结果为真;

B 说:Thisman='C';'B'='C'关系表达式结果为假;

C 说:Thisman='D';'B'='D'关系表达式结果为假;

D 说:Thisman!='D';'B'!='D'关系表达式结果为真。

显然,不是'B'做的好事。

再试 C 同学,让 Thisman='C',代入到 4 句话中。

A 说:Thisman!='A';'C'!='A'关系表达式结果为真;

B 说:Thisman='C';'C'='C'关系表达式结果为真;

C 说:Thisman='D';'C'='D'关系表达式结果为假;

D 说:Thisman!='D';'C'!='D'关系表达式结果为真。

显然,是'C'做的好事。

这时,可以理出头绪,要用所谓枚举法,一个人一个人地去试,也就是用'A'与'非 A''C''D''非 D'作比较,如果比较结果有 3 个为真,则'A'就是所找寻的人。否则,再逐个用'B''C''D'进行上述比较。所以,要使用循环结构的方式实现。

解 RAPTOR 程序实现，如图 5-24 所示。

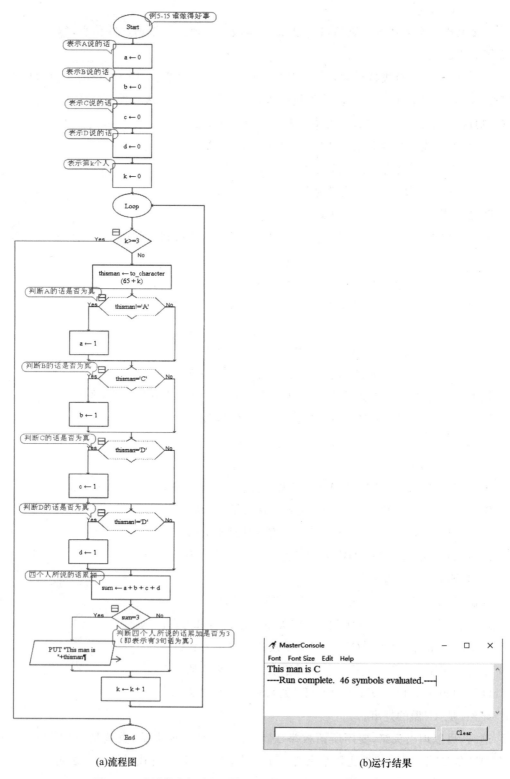

(a)流程图　　　　　　　　　　　　(b)运行结果

图 5-24　求谁做的好事问题的 RAPTOR 示例流程图和运行结果

【例5-16】 谁在说谎。

参与银行抢劫案的三个人A、B、C被拘捕调查,通过审讯,这三个人对案件供述分别如下。

A说:"B在说谎。"

B说:"C在说谎。"

C说:"A和B都在说谎。"

现在问:这三人中到底谁说的是真话,谁说的是假话?

问题分析:根据对题目理解,这三个人都有可能说的是真话,也有可能说的是假话,这样就需要对每个人所说的话进行分别判断,那如何判断他们到底谁在说谎呢?

由问题描述可以得到如下:

① 由于"A说B在说谎",因此,如果A说的是真话,则B就在说谎;反之,如果A说的是谎话,则B就在说真话;

② 由于"B说C在说谎",因此,如果B说的是真话,则C就在说谎;反之,如果B说的是谎话,则C就在说真话;

③ 由于"C说A和B都在说谎",因此,如果C说的是真话,则A和B都在说谎;反之,如果C说的是谎话,则A和B至少一人说真话。

为了解决这道题,首先这3个人说的3句话写成关系表达式,使用变量 a、b、c 表示这三个人说话真假的情况,当 a、b 或 c 的值为1时表示该人说的是真话,值为0时表示该人说的是假话。则这3个人说的3句话使用关系表达式分别为

A说:"B在说谎。"

按照上面对A所说的话的分析,写成关系表达式为

$a=1$ and $b=0$(表示A说的是真话,B就在说谎话);

$a=0$ and $b=1$(表示A说的是谎话,B就在说真话)。

这两个关系表达式只要能让其中任何一种成立,即可判定该人所说的话是真话还是假话,因此最终用来判断A所说的话关系表达式为

$$(a=1 \text{ and } b=0) \text{ or } (a=0 \text{ and } b=1)$$

同理,B说:"C在说谎。"

写成关系表达式为

$b=1$ and $c=0$(表示B说的是真话,C就在说谎话);

$b=0$ and $c=1$(表示B说的是谎话,C就在说真话)。

最终用来判断B所说的话关系表达式为

$$(b=1 \text{ and } c=0) \text{ or } (b=0 \text{ and } c=1)$$

同理,C说:"A和B都在说谎。"

写成关系表达式为

$c=1$ and $(a=0 \text{ and } b=0)$(表示C说的是真话,则A和B都在说谎);

$c=0$ and $(a+b)!=0$(表示C说的是谎话,则A和B至少一人说真话)。

最终用来判断C所说的话关系表达式为

$$(c=1 \text{ and } (a=0 \text{ and } b=0)) \text{ or } (c=0 \text{ and } (a+b)!=0)$$

将上述A、B、C三个人所说的话关系表达式整理得到下列关系表达式:

$((a=1 \text{ and } b=0) \text{ or } (a=0 \text{ and } b=1)) \text{ and } ((b=1 \text{ and } c=0) \text{ or } (b=0 \text{ and } c=1)) \text{ and } ((c=$

1 and $a=0$ and $b=0$)or $(c=0$ and $(a+b)!=0))$

解　RAPTOR 程序实现,如图 5-25 所示。

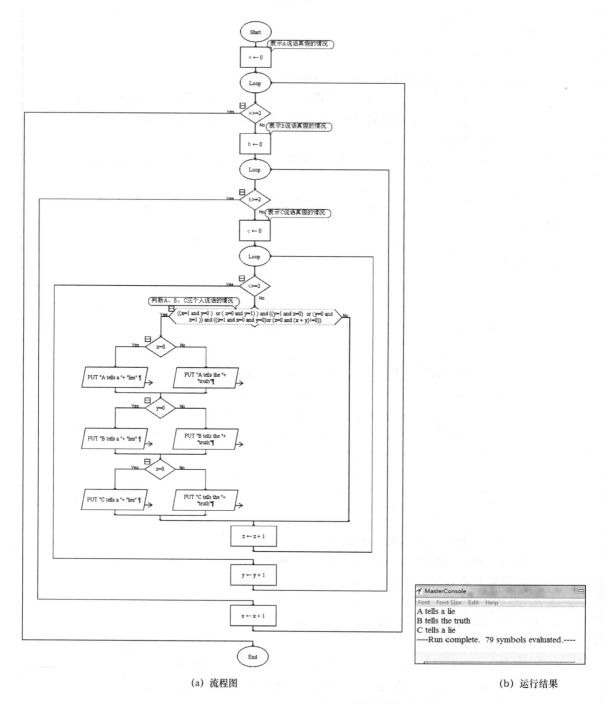

(a) 流程图　　　　　　　　　　(b) 运行结果

图 5-25　求谁在说谎问题的 RAPTOR 示例流程图和运行结果

从本例可以看出,对于逻辑推理问题往往要将推理结论转换成关系表达式,然后对这些关系表达式进行归纳整合,最后通过循环结构的方式实现。

本 章 小 结

　　循环结构是程序设计中非常重要的内容,应该熟练掌握。本章介绍了循环的概念及实现机理,也介绍了两种 RAPTOR 循环结构:单重循环结构以及多重循环结构,并通过实际案例讲解各种类型问题如何应用循环结构实现。读者在学习过程中应当认真思考如何运用循环解决实际问题。

习　　题

　　1. 分别编写程序求 100 以内所有奇数之和、所有偶数之和,并输出其结果。

　　2. 编写程序计算 $1\times2\times3+3\times4\times5+\cdots+99\times100\times101$ 的值。

　　3. 编写程序,求 1～100 能被 7 整除,但不能同时被 5 整除的所有正整数。

　　4. 编写程序求解马克思手稿中趣味数学问题:有 30 个人,其中有男人、女人和小孩,在一家饭馆吃饭花了 50 先令,每个男人花 3 先令,每个女人花 2 先令,每个小孩花 1 先令。问男人、女人和小孩各有几人?

　　5. 编程求解 100 个和尚 140 个馍,大和尚 1 人分 3 个馍,小和尚 1 人分 1 个馍。问:大、小和尚各有多少人?

　　6. 编程求解鸡兔同笼问题:一个笼子里关了鸡和兔子,共有 98 个头,386 只脚,问鸡、兔各有多少只?

　　7. 比赛名单。

　　两个乒乓球队进行比赛,每队各出 3 人。甲队队员为 A、B、C 三人,乙队队员为 X、Y、Z 三人,已通过抽签形式确定了比赛名单。有人向队员 A 和队员 C 分别询问比赛名单,他们回答如下:

　　A 说:"他不和 X 比赛。"

　　C 说:"他不和 X、Z 比赛。"

　　根据这些信息,编写程序,找出 3 对赛手的名单。

　　8. 分别编程输出以下不同的图案。

第6章 利用数组实现批量数据的处理

前面各章节介绍和使用的都是属于基本类型(数值、字符和字符串)的数据,RAPTOR还提供了数组类型。数组类型数据是由多个基本类型数据组成。本章主要介绍数组。

本章学习目标:

通过本章学习,你将能够:

- ☑ 了解数组的概念和特点;
- ☑ 掌握数组定义和使用;
- ☑ 应用数组处理批量数据。

6.1 数组的引入

通过前几章的学习,读者已经了解程序设计基本结构和数据类型,而且前面在进行程序设计中用到的变量都是单个的独立变量,如数值型变量 num。但在实际解决问题时,往往会使用大量的变量,这些变量之间又有着一定的内在联系。下面通过一个简单例子来说明。

【例 6-1】 现有一个班 10 名学生参加计算机课程考试,要求编写程序,输入每个同学的成绩,计算和输出平均成绩,并输出所有学生的成绩。

问题分析:利用前几章节所学内容,要解决该问题,可以定义一个简单的变量 score 用于接收从键盘上输入的每个学生的成绩并输出该成绩,然后通过求平均值的方法计算该课程平均成绩,并存储在变量 ave 中。

解 RAPTOR 程序实现,如图 6-1 所示。

从图 6-1 可以看出,程序使用变量 score 存储学生的成绩,但只能保存当前一个学生的成绩,输入新的值,原来存储的变量值就会被覆盖,为了能够输出每个学生成绩,本题采用输入一个学生成绩后立即输出该学生成绩的方法。该如何将每个学生的成绩保存呢?

为了保存每个学生的成绩,可以采用定义 10 个变量分别存储每个学生的成绩,虽然这样可以解决问题,但定义变量太多,操作不方便,这一点在第 5 章已向读者介绍过。试想,如果有 100 名甚至 1 000 名学生,这种方法就太麻烦了,也不适合于编程。因此,在这种情况下,人们希望能有一种数据类型可以保存一组数据,并且可以方便地对这组数据进行输入、输出、计算等操作,这种数据类型就是数组。

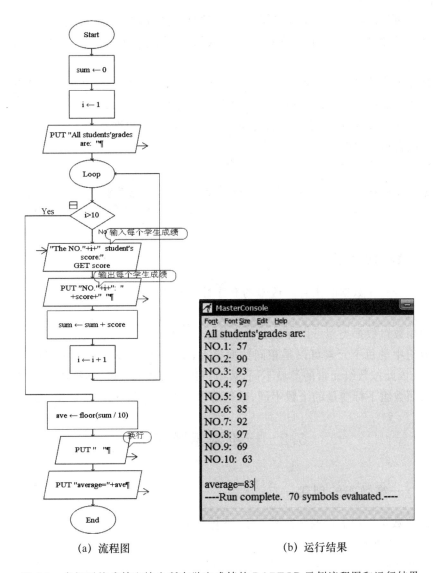

(a) 流程图　　　　　　　　　　(b) 运行结果

图 6-1　求解平均成绩和输出所有学生成绩的 RAPTOR 示例流程图和运行结果

6.1.1　数组的概念

将若干个数据按顺序存储在一起形成的一组数据集合就称为**数组**。通常,用一个统一的名字标识这组数据,这个名字称为**数组名**。构成数组的每个数据项称为**数组元素**。数组中的每一个数组元素具有相同的名称,用不同的下标表示一组数据,我们把这种变量称之为**下标变量**。

数组作为带有下标的变量,需在使用之前创建。在 RAPTOR 中,数组创建的一般形式为

数组名[下标 1,下标 2,…,下标 n]

说明:

(1) 数组名用于标识该数组;

(2) 方括号中的数值为下标值,以便区分数组中的各个元素。在 RAPTOR 中规定,下

标值可以是常量、变量或算术表达式,但其值必须是正整数,不能是 0 或小数;

（3）下标的个数表示数组的维数。根据数组的维数可以将数组分为一维数组、二维数组。

（4）数组元素用整个数组的名字和该元素在数组中的顺序位置来表示。在默认的情况下,第 1 个数组元素的下标值为 1,第 n 个数组元素的下标值为 n;

例如:score[100]表示创建一个名为 score 的数组,数组的维数为 1,数组元素的个数是 100,score[1]表示数组中的第 1 个数组元素。

注意:在 RAPTOR 中,已经成为数组变量的名称,不能再重复用作一个普通变量的名称。

6.1.2　数组的特点

（1）数组是有序数据的集合。这里的有序性是指数组元素存储的有序性,而不是指数组元素值有序;

（2）利用数组数据类型可以存放若干个数据;

（3）数组中的每个元素可以是相同数据类型,也可以是不同类型的数据(字符、字符串和数值等)。因此按数组元素的类型不同,数组可以分为数值数组、字符数组等;

（4）按照数组下标变量的个数不同,数组可以分为一维数组、二维数组、多维数组。

6.2　一维数组及应用

6.2.1　一维数组的创建

数组的维数可以用下标的个数来表示,下标个数为 1 时,称为一维数组。

1. 一维数组的表示形式

一维数组中各个数组元素是排成一行的一组下标变量,用一个统一的数组名来标识,用一个下标来标明其在数组中的位置。一维数组表示形式为

数组名[下标]

说明:

（1）数组名:命名规则要遵循标识符的命名规则;

（2）下标:表示数组元素个数。下标值可以是常量、变量或算术表达式,但其值必须是正整数,不能是 0 或小数;

（3）数组类型:是指数组元素的类型。数据元素可以是相同类型数据(数值、字符、字符串等),也可以是不同类型的数据。

2. 一维数组的创建

在 RAPTOR 中,一维数组的创建通常通过赋值语句或输入语句对数组中的一个或多个数组元素赋值创建。所创建的数组大小由赋值语句中给定的最大元素下标来决定。如图 6-2 所示,创建一个含有 5 个数组元素的数组 values,其中最大数组元素 values[5]被赋值为 34。

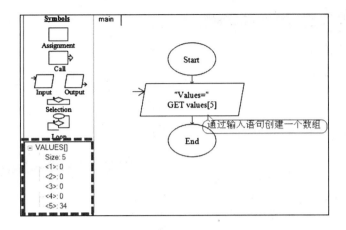

图 6-2　利用输入语句创建数组

通过上图可以看到,利用输入语句创建数组时,所创建的数组大小为给定的最大元素下标值,未赋值的数组元素将默认为 0,数组类型为输入数据的类型,即数值型数组(虚线部分)。在 RAPTOR 中,若要对数组长度进行扩展,只需要对该数组的最后一个元素进行赋值,如图 6-3 所示,在原有数组 values 的基础上,对数组元素 values[10]赋值为 12,则数组 values 长度自动扩展为 10 个长度。

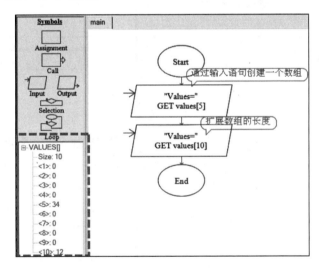

图 6-3　利用输入语句扩展数组长度

除此之外,还可以利用输入语句或赋值语句与单重循环配合的方法实现对数组中的每一个数组元素赋值(虚线框部分),如图 6-4(a)所示。

说明:

(1) 在 RAPTOR 中,为了表达输入数组元素 value[i]的提示信息可以采用"数组名 ["+i+"]"的形式。

(2) 在 RAPTOR 中,为了减少人工输入数据带来的不便,可以采用随机数产生数组元素的方法对数组进行赋值,如图 6-4(b)所示。

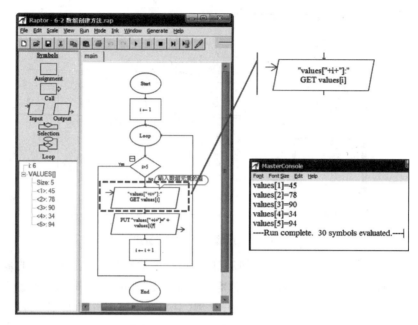

(a)利用输入语句与循环语句创建数组及运行结果

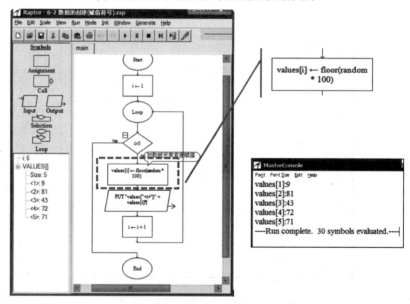

(b)利用赋值语句与循环语句创建数组及运行结果

图 6-4　循环语句方式创建数组并对数组元素赋值

6.2.2　一维数组的引用

一维数组被创建后,要想引用数组中的数组元素可以采用"数组名[下标]"的形式,如 values[1]表示引用数组 values 中的第 1 个数组元素的值。数组中的下标变量可以为正整数,也可以使用表达式,如 values[5−3]、values[1+1]、values[i+1](这里的 i 是变量)都表示引用数组中的数组元素。

【例6-2】 下面利用数组的方式求解 6.1 节例 6-1。

解　RAPTOR 程序实现,如图 6-5 所示。

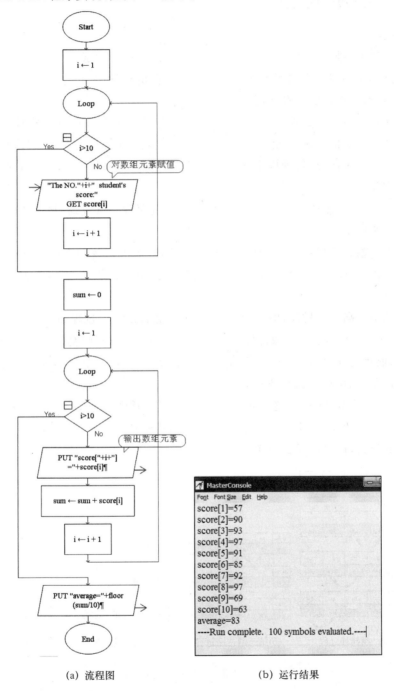

　　　　(a) 流程图　　　　　　　　　　　(b) 运行结果

图 6-5　利用数组方式求解平均成绩和输出所有学生成绩的 RAPTOR 示例流程图和运行结果

　　通过该例可以看出,利用数组方式解决不仅可以非常方便地将一组相同数据类型放在一起,而且可以反复的存取和使用这些数据。更重要的是,可以通过改变数组的下标来使用数组元素,这样数据的输入、输出及数据处理都很方便。数组元素的操作可以通过循环控制完成,这是定义多个变量所无法实现的。

6.2.3 一维数组的应用

1. 排序问题

在日常生活中,排序无处不在,如对大学生在校期间的学习成绩由高到低排序;对商品价格由低到高排序……这样的例子举不胜举。在计算机科学中,排序(sorting)是研究最多的问题之一,在程序设计中也经常用到。

所谓排序就是将一组数据的值按从小到大(或从大到小)的顺序重新排列。排序过程中一般都要进行元素值的比较和元素值的交换。基本排序方法有很多,如冒泡排序、插入排序、选择排序、交换排序等,每种排序方法都有各自的特点,这里只介绍常用的冒泡排序,并通过数组的方式实现。

【例 6-3】 从键盘上输入某班 10 名学生的计算机课程考试成绩,将该成绩按照从高到低的顺序排列并输出。

冒泡排序的基本思想: 从数组的第 1 个元素开始,依次比较相邻的两个数组元素的大小,如果发现两个数组元素的次序相反时就进行交换,如此重复地进行,直到比较没有反序的数组元素为止。

根据本题是从高到低排序,即从大到小排序,因此冒泡排序过程如下:

① 先将第 1 个数与第 2 个数比较,若 array[1]＜array[2],则交换;然后比较第 2 个数与第 3 个数,依此类推,直到第 $n-1$ 个数和第 n 个数比较为止,第一趟冒泡排序,结果使最小的数被安置在最后一个元素位置上。

② 对前 $n-1$ 个数进行第二趟冒泡排序,结果使次小的数被安置在第 $n-1$ 个元素位置上。

③ 重复上述过程,共经过 $n-1$ 趟冒泡排序后,排序结束。

以 5 个数为例,排序过程示例如图 6-6 所示。

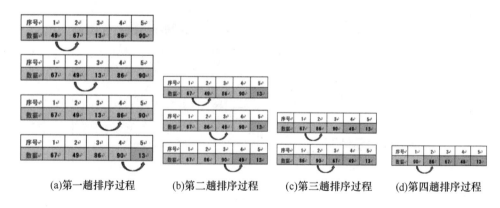

(a)第一趟排序过程　(b)第二趟排序过程　(c)第三趟排序过程　(d)第四趟排序过程

图 6-6　冒泡排序算法排序过程示意图

可以看到,进行一趟扫描,就确定了一个数的排列顺序。因此,5 个数,只要进行(5-1)趟扫描就可以将这 5 个数排好序。另外,每趟扫描都需要对相邻两个数比较,比较的次数在逐次递减。

下面利用冒泡排序算法求解例 6-3。

本题为了使程序结构更加清晰,采用子过程方式(关于子过程概念在后续章节介绍)完成。
主图 main 用于输入数据、调用子过程和输出排序好的数据;子过程 sort 用于对数据排序。

解 RAPTOR 程序实现,如图 6-7 所示。

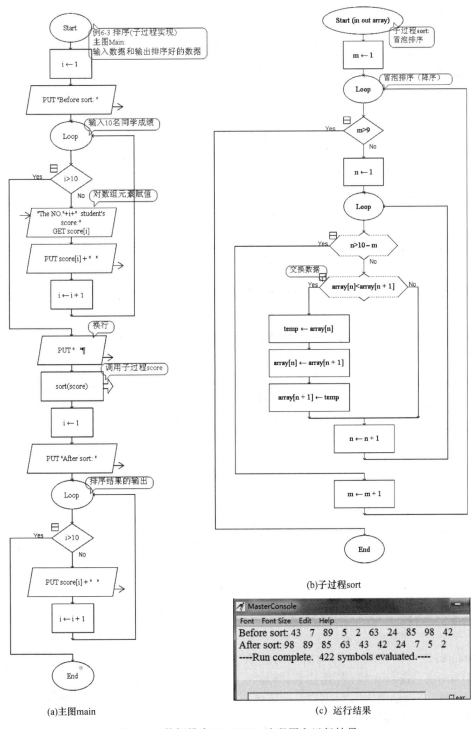

(a)主图main

(b)子过程sort

(c) 运行结果

图 6-7 数据排序 RAPTOR 流程图和运行结果

87

从该程序可以看出,冒泡排序算法程序有 3 个部分组成:第一部分是对数据的输入;第二部分是利用循环结构对数组中的元素进行冒泡排序;第三部分利用循环结构输出排序后的数组元素。

2. 查找数据问题

查找问题和排序问题有密切的联系,很多查找问题都是依赖于要查找的数据集的有序程度。在计算机科学中,查找算法包括顺序查找、二分查找、基数查找、哈希查找等。本节中向读者介绍顺序查找和二分查找的方法。

【例 6-4】 从键盘上输入某班 10 名学生的计算机课程考试成绩,任意输入一个成绩,若找到该成绩则输出其位置,否则输出"No Found"提示信息。

顺序查找的基本思想:从一组无序或有序的数据的第 1 个元素开始,将要查找的数据与该组数据中的每一个元素进行比较,如果要查找的数据与该组数据中的元素相等,则找到该数据,查找成功;如果要查找的数据要该组数据的所有元素都不相等,则表示该组数据没有要查找的数据,查找失败。

本例题是查找指定数据在数组中的位置,而数组中数据又是无序的,所以可以直接利用顺序查找的方法。其算法的基本思想是:利用循环结构顺序扫描整个数组,依次将每个元素与要查找的值进行比较,若找到,则停止循环,输出其位置值并显示"Found"提示信息;若所有元素都比较后仍未找到,则循环结束后,输出"No Found"提示信息。其算法表示如下。

Step 1:从键盘输入 10 名学生成绩,并存入一维数组 score 中;

Step 2:从键盘输入要查找成绩 data 的值;

Step 3:该成绩值 data 与数组中每个数组元素 score[i]进行比较,若是找到,则输出其所在位置,否则输出"No found"提示信息。

解 RAPTOR 程序实现,如图 6-8 所示。

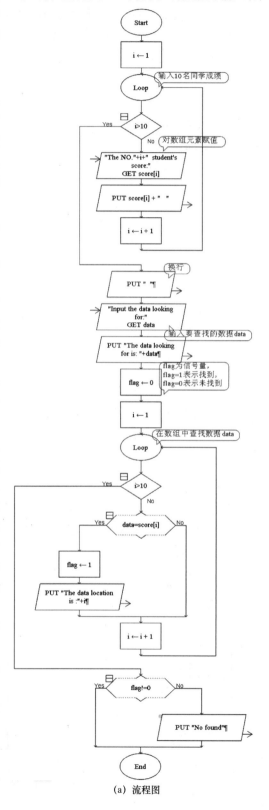

(a) 流程图

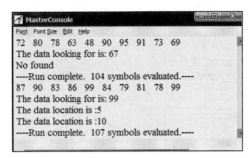

(b) 运行结果

图 6-8　顺序查找课程成绩的 RAPTOR 示例流程图和运行结果

从上例可以看出,由于数组元素事先并没有按照一个特定的顺序排序,在查找过程中,有可能第一元素的元素值就与要查找的数据相等,也有可能在数组的最后一个元素位置找到它。如果已知数据中不存在待查找数据时,也需要对所有数据进行比对,则查找次数将等于数据量的大小。由此可见,顺序查找算法简单,不受数据集合需要事先排好序这一前提条件的约束,所以适用于规模小或者无序排列的数组,但算法效率较低。

💡 **思考:**请读者思考,若是要求解查找的成绩在这 10 名同学中的排名,程序如何实现?

【例 6-5】　从键盘上输入某班 10 名学生的计算机课程考试成绩,输出最高分及其所在的位置。要求:课程考试成绩无重复。

问题分析:本例题同例 6-4 类似,也需要将这 10 名学生的课程成绩保存在一维数组中。要找出该课程成绩中的最高分,就是求数组元素的最大值问题。因此可以先假设第 1 个学生成绩最高,其余学生的成绩都与这个假设的最高分进行比较。如果比较的结果是后面学生的成绩高,则将最高分修改为后面学生的成绩;反之,不做任何修改。这样,全部比较完毕后,最高分也就求出来了。其算法表示如下。

Step 1:从键盘输入 10 名学生成绩,并存入一维数组 score 中;

Step 2:假设第 1 个学生成绩最高,即令 topscore＝score[1];

Step 3:将 topscore 与所有学生的课程成绩逐个比较,如果 score[i]＞topscore,则将 score[i]的值赋给 topscore,并记录最高分所在的位置,以此类推,直到最后一个学生为止;

Step 4:输出最高分 topscore 和其所在的位置。

解　RAPTOR 程序实现,如图 6-9 所示。

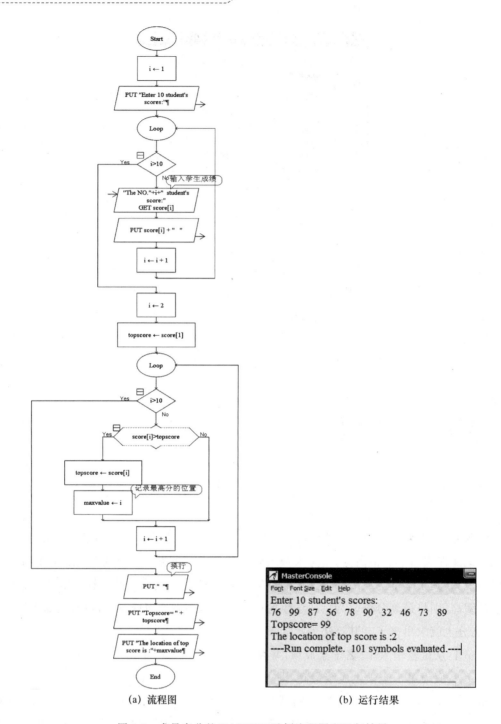

(a) 流程图　　　　　　　(b) 运行结果

图 6-9　求最高分的 RAPTOR 示例流程图和运行结果

 思考:请读者思考,若要同时求出最高分和最低分,该程序将如何修改呢?

【例 6-6】 从键盘上输入某班 10 名学生的计算机课程考试成绩,任意输入一个成绩,若找到该成绩则输出其位置,否则输出"No Found"提示信息(利用二分查找法实现)。

问题分析:利用二分查找法在一组数据中查找一个数,前提是被查找这组数据必须是有序的。

二分查找法的基本思想:首先假设这组数据是按升序排列,将数组中间位置元素与查找数值比较,如果两者相等,则查找成功;否则利用中间位置将数组分成前、后两个子数组,如果查找数小于中间位置元素,则进一步二分查找前一子数组,否则进一步二分查找后一子数组。重复以上过程,直到找到满足条件的数据,使查找成功,或直到子数组不存在为止。

二分查找过程:假设这组有序数据为 a[10],要查找的数据为 63。low 用来存储数组 a 的最小下标,high 用来存储数组的最大下标,利用公式 mid = floor((low + high)/2) 求出数组的中间下标。

$$a[10] \quad \boxed{48 \mid 63 \mid 69 \mid 72 \mid 73 \mid 78 \mid 80 \mid 90 \mid 91 \mid 95}$$

初始查找区间为[1,10]
mid=5,63<a[5]
将查找区间调整到左半区

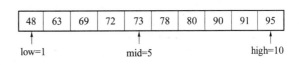

查找区间为[1,5]
mid=3,63>a[3]
将查找区间调整到左半区

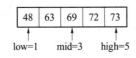

查找区间为[1,3]
mid=2,63=a[2]
查找成功

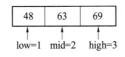

本例题是查找指定数据在数组中的位置,利用二分查找方法实现。其算法表示如下。

Step 1:从键盘输入 10 名学生成绩,并存入一维数组 a 中;

Step 2:对这组数据进行升序排列;

Step 3:从键盘输入要查找成绩 data 的值;

Step 4:对 low、mid、high 变量初始赋值:low←1,mid←floor((low+high)/2),high←n−1;

Step 5:比较 data 与 a[mid] 的值。当 data=a[mid] 时,说明找到;当 data>a[mid],则待查元素可能在 a[mid+1]~a[high]之间,让 low=mid+1;当 data<a[mid],则待查元素可能在 a[low]~a[mid−1]之间,让 high=mid−1;

Step 6:重复执行 Step 5,直到查找范围缩小到零(没有找到)或 data 等于 a[mid](查找成功)为止。

解 RAPTOR 程序实现,如图 6-10 所示。

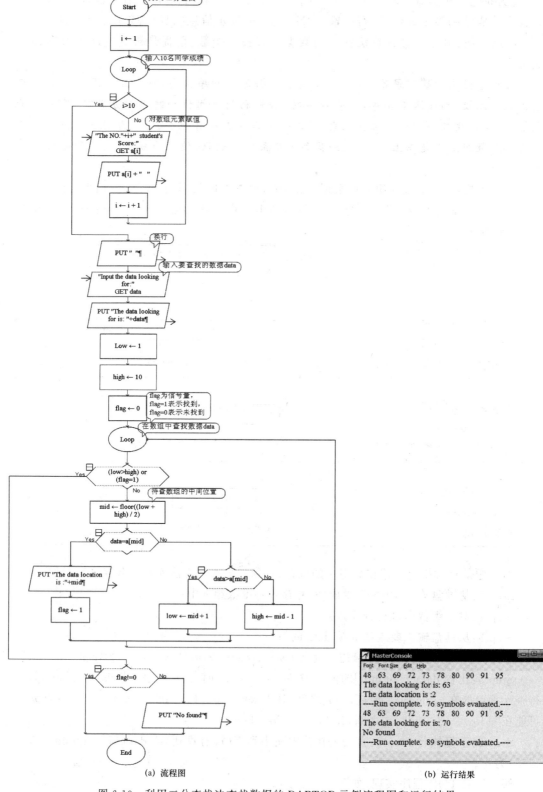

(a) 流程图　　　　　　　　　　　　　　　　(b) 运行结果

图 6-10　利用二分查找法查找数据的 RAPTOR 示例流程图和运行结果

从上面分析过程可以知道,二分查找法每次执行一次都可以将查找空间减少一半,使得比较次数少,查找速度快。缺点在于要求待查数据为有序数据。因此,二分查找法适用于不经常变动而查找频繁的有序数列。

 **课后讨论**

能力拓展——数组排序与查找混合应用

例 6-6 中如果输入的一组数据是无序的,请读者思考程序如果修改补充?

6.3 二维数组及应用

一维数组可以解决"一组"相关数据的处理问题,但在实际生活中还有很多数据使用多行多列的形式组织数据,如表 6-1 是一个二维表,每行表示每个学生两门课程的成绩。对这种数据组织形式就是二维数组。

表 6-1 5 名学生二门课程的成绩

NO	MT	EN
1	97	90
2	67	83
3	80	83
4	79	77
5	95	52

6.3.1 二维数组的创建

二维数组是指具有两个下标的数组,其中第一下标表示行,第二下标表示列。二维数组适合于处理逻辑上具有行列结构的一批数据。在 RAPTOR 中,二维数组的表示形式为

数组名[下标 1,下标 2]

如 values[5,4]表示一个 5 行 4 列的二维数组,其数组形式可以看成一个如图 6-11 所示的矩阵。

二维数组的创建同一维数组的创建相同,可以通过赋值语句或输入语句对一个或多个二维数组元素赋值而被创建,所创建的数组大小为两个维度中最大的最大下标值确定,未赋值的数组元素将默认为 0,如图 6-12 所示。

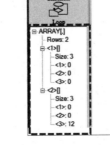

图 6-12 二维数组的创建

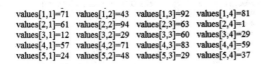

图 6-11 二维数组数据表现形式

6.3.2　二维数组的引用

二维数组创建后，可以使用"数组名[下标 1, 下标 2]"的形式引用数组中的各个元素，如 array[3,4] 表示二维数组中的第 3 行第 4 列的数组元素。

> 💡 **注意**：二维数组元素的两个下标必须一起放在"[ ]"内，如 array[3,4]，不能写成 array[3][4]。

【例 6-7】　利用随机函数产生 100 以内的随机数对二维数组的数组元素赋值并输出。

解　RAPTOR 程序实现，如图 6-13 所示。

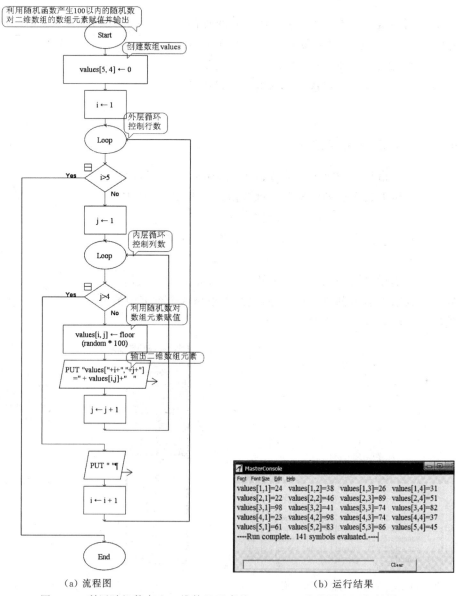

（a）流程图　　　　　　　　　　　（b）运行结果

图 6-13　利用随机数产生二维数组元素的 RAPTOR 流程图和运行结果

该题利用 Random 函数对二维数组的数组元素赋值,赋值过程采用双重循环结构,外循环处理二维数组的各行,内循环处理一行的各列元素。利用这种方法产生大量基础数据对今后学习批量处理数据(如排序、查找等)提供了极大的方便。

6.3.3 二维数组的应用

【例 6-8】 求例 6-7 的二维数组元素的累加和。

问题分析:本例属于二维数组的基本应用问题。求二维数组的累加和问题与求一维数组的累加和问题类似。先要设置累加和的初值 sum=0,读入每个二维数组元素后执行累加和运算,即 sum=sum+values[i,j]。同样采用双重循环结构方式实现。

解 RAPTOR 程序实现,如图 6-14 所示。

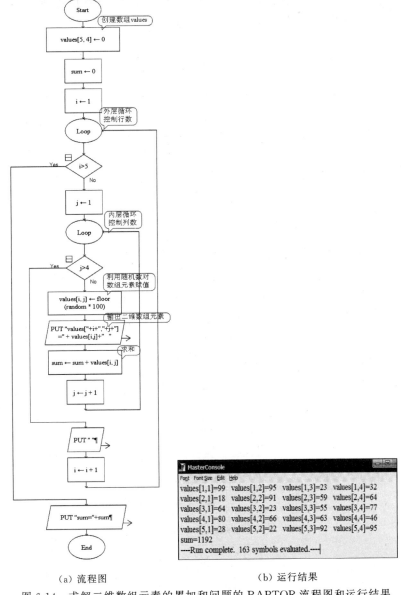

(a) 流程图　　　　　　　(b) 运行结果

图 6-14　求解二维数组元素的累加和问题的 RAPTOR 流程图和运行结果

思考：请读者思考，若要对二维数组元素求平均值，RAPTOR 流程图如何实现呢？

【例 6-9】 设有一个 3×4 矩阵，找出矩阵中的最大值，并输出其所在的行号和列号。

问题分析：本例也属于二维数组的基本应用问题。解决该题可以先将矩阵的第 1 个元素假设为矩阵的当前最大值，并赋值给变量 maxvalue，用 maxvalue 的值按从行到列的顺序与矩阵其他元素进行比较，若当前比较的矩阵元素比 maxvalue 中的值大，则对 maxvalue 赋值为当前的矩阵元素，并记下该矩阵元素的行号和列号。

本题为了使程序结构更加清晰，采用子过程方式（关于子过程概念在后续章节介绍）完成。主图 main 用于产生 3×4 矩阵（这里为了减少用户输入的工作量，采用 50 以内随机数给矩阵数组元素赋值）和子过程调用；子过程 maxarray 用于实现找出矩阵中的最大值。

解 RAPTOR 程序实现，如图 6-15 所示。

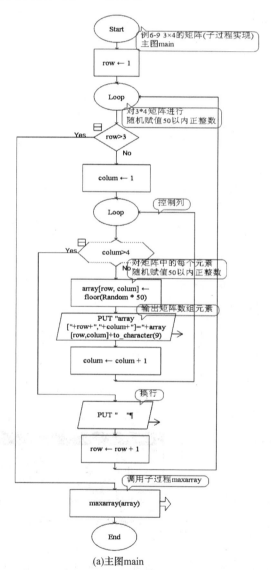

(a)主图 main

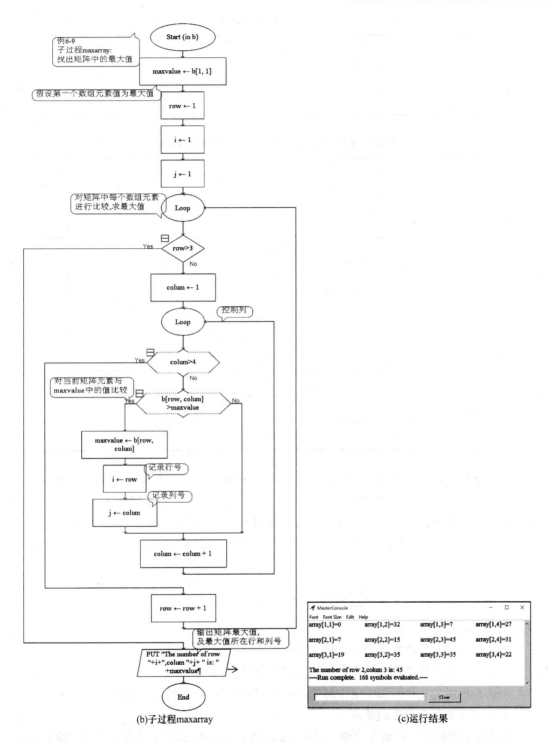

(b)子过程maxarray   (c)运行结果

图 6-15 求 3×4 矩阵中的最大值及输出其所在的行号和列号问题的 RAPTOR 流程图和运行结果

【例 6-10】 学分绩点(GPA)计算。

假设某班有 10 名学生,某学期该 10 名学生有 4 门课程,每门课程的学分如表 6-2 所示,每门课程的期末成绩如表 6-3 所示,设计一个程序求出每个学生本学期的学分绩点(GPA)。

表 6-2　各门课程学分

课程	学分	课程	学分
RAPTOR	2	线性代数	4
英语	4	计算机基础	2

表 6-3　某班 10 名学生某学期各门课程期末成绩

学号	RAPTOR	英语	线性代数	计算机基础
6015203165	80	85	80	97
6015203167	90	95	87	74
6015203168	100	96	80	75
6015203178	80	83	80	89
6015203182	80	80	94	85
6015203184	87	84	90	85
6015203187	80	81	90	75
6015203190	83	79	70	95
6015203191	77	88	84	97
6015203192	86	83	88	90

问题分析：从题目给出的表可以看出，表 6-2 可用一维数组来表示，如 credit[4]；表 6-3 是一个 10×4 的矩阵，矩阵共 10 行，表示 10 名学生，每名学生又有 4 门课程的成绩，因此需要二维数组存储，如 score[10,4]。每个学生绩点的计算方法是：每门课的成绩×对应课程的学分，然后求乘积的和，最后除以所有课程的总学分。某个学生绩点的计算公式为

$$gpa[i] = \sum_{j=0}^{3} score[i,j] * credit[j] / \sum_{j=0}^{3} credit[j]$$

其算法表示如下。

Step 1：分别对一维数组 credit 和二维数组 score 进行初始赋值；

Step 2：利用循环结构方式求各门课程的学分总和；

Step 3：根据公式计算每个学生的绩点，并将结果保存在数组 gpa[i]中；

Step 4：输出每个学生的绩点。

本题为了使程序结构更加清晰，采用子过程和子图方式(关于子过程和子图概念在后续章节介绍)完成。主图 main 用于对程序中子过程的调用，课程成绩的输入以及程序整体流程的控制；子过程 CreditProc 用于输入各门课程的学分，并计算总学分；子过程 GPAverage 用于实现求每个学生的绩点并输出结果。

解 RAPTOR 程序实现,如图 6-16 所示。

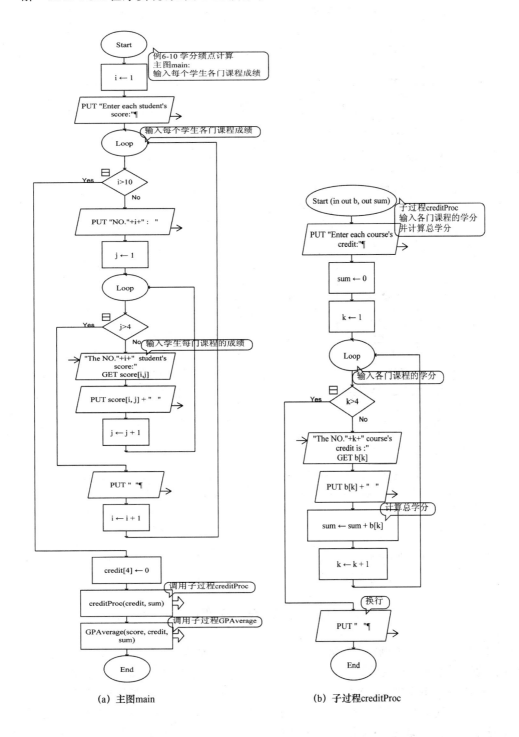

(a) 主图main   (b) 子过程creditProc

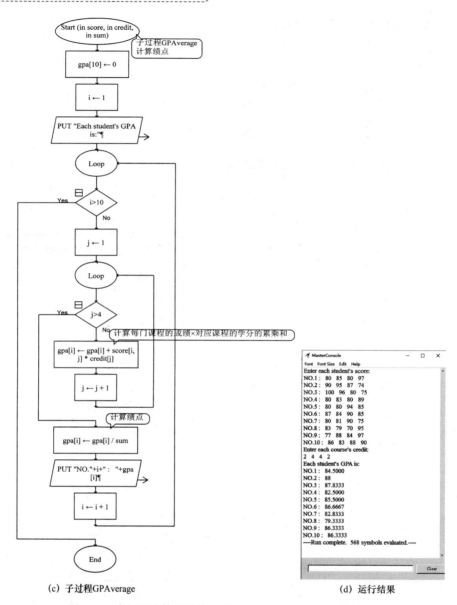

(c) 子过程GPAverage   (d) 运行结果

图 6-16   求解学分绩点计算问题的 RAPTOR 流程图和运行结果

6.4 字 符 数 组

到这里,我们介绍的例题中数组元素的类型都是数值型,但在实际编程中,经常还会遇到使用字符的情况,例如学生的姓名、一个英文单词等。这些字符往往被考虑成一个整体,例如输出学生的姓名、统计英文单词的个数等。当多个字符进行整体考虑时,就涉及了字符串的概念。

前面章节我们介绍了字符串的概念,在 RAPTOR 中,字符串变量既能以一个变量的形式在程序中进行传递,也可以作为字符数组的一个元素,本身还可以看做一个字符型数据的数组。如图 6-17 所示,使用变量赋值的方法对整个字符串赋值后,要想读取字符串中每个字符(包括空格),可以使用数组方式进行读取,如图 6-17 中输出 str[6]的结果为字符 e。

由此可见,字符串作为数组时,它的数组元素都是字符,而不是字符串。

【例 6-11】 编写程序,输入一行字符串,将该字符串逆序输出。如字符串"ABCDEF",逆序输出为"FEDCBA"。

问题分析:要想对输入一行字符串进行逆序输出,可以利用两个变量 i 和 j 分别表示该字符数组首部元素和末尾元素,让变量 i 从 1 依次加 1 变化,变量 j 从数组尾部开始,依次减 1 变化,当 $i>j$ 时结束元素互换。其算法表示如下。

Step 1:从键盘输入一行字符,并存放于数组 str 中;

Step 2:对变量 i 初始赋值为 1,变量 j 初始赋值为该字符串个数;

Step 3:当 $i>j$ 时,程序跳转执行 Step 4,结束元素互换,否则对字符数组中首尾对称位置的元素互换;

Step 4:逆序输出字符串。

解 RAPTOR 程序实现,如图 6-18 所示。

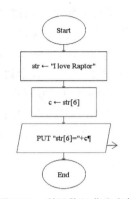

图 6-17 利用数组获取字符串中某一元素

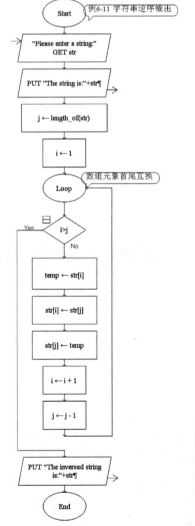

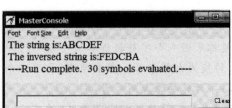

(a) 流程图   (b) 运行结果

图 6-18 逆序输出字符串的 RAPTOR 示例流程图和运行结果

通过上例可以知道,RAPTOR 中字符串可以看成一个字符数组,字符数组中的数组元素就是字符串中的每一个字符。字符串的长度即为该字符数组的长度,RAPTOR 用 Length_of() 函数可以计算一维数组的长度,Length_of(str) 的返回值为一维数组的最大下标值,即数组的元素个数。

【例 6-12】 编写程序,输入一行含有英文字母的字符串,将该字符串所有字符转换为大写形式。如字符串"I love Raptor."转换为"I LOVE RAPTOR."。

解 RAPTOR 程序实现,如图 6-19 所示。

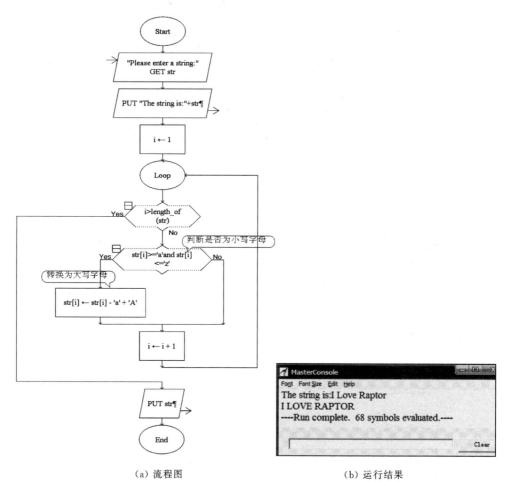

（a）流程图 　　　　　　　　（b）运行结果

图 6-19　转换大写字母的 RAPTOR 示例流程图和运行结果

思考:由于字符在内存中存放的是其 ASCII 码(即一个整数),要实现大小写字母的转换一般都采用一个字符数据加减整数 32,即大写字母加 32 转换为小写字母,小写字母减 32 转换为大写字母。在本题中,采用一个字符小写字母 a 后再加大写字母 A,实现了小写字母转换为大写字母,即 str[i]−'a'+'A',请读者思考,为什么? 如果不采用该方法,使用一个字符数据加减整数 32 的方法在 RAPTOR 中如何实现呢?

【例 6-13】 实现密码身份验证。

"密码身份验证"在实际生活中很多地方都需要,如银行卡。请设计一个程序,从键盘上输入密码,验证其密码是否与事先设定的密码一致,如果是,则显示"Right! Enter into the next step…";否则提示"Wrong! Please input again."最多可以输入三次,如果输入三次仍未正确,则提示信息"More than 3 times."结束程序。要求:输入密码仅由字母构成。

问题分析:解决该题有两个难点:一是何时对输入密码与输入次数进行判断,即使用前序测试循环还是后序测试循环;二是"输入密码是否正确"条件与"输入次数判断"条件两者关系是"并且"还是"或者"。本程序解决的方法是采用后序测试循环,两者条件关系为"或者"。

解 RAPTOR 程序实现,如图 6-20 所示。

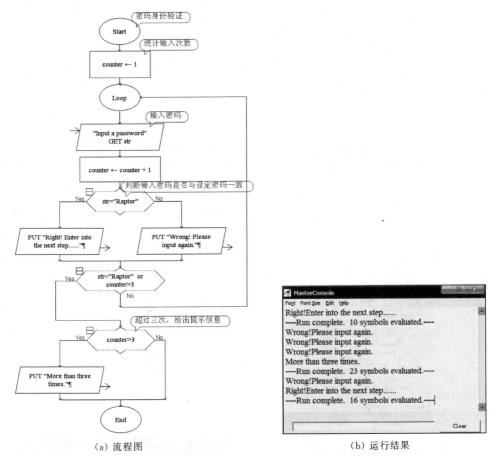

(a) 流程图　　　　　　　　　　　(b) 运行结果

图 6-20　密码身份验证的 RAPTOR 示例流程图和运行结果

6.5　数组的其他应用方式

RAPTOR 数组与其他语言程序相比,非常灵活,不强制同一个数组的不同元素必须具有相同的数据类型,利用这个特点,可以将二维数组设计成为类似像 Excel 设计的二维表数据记录形式。如图 6-21 所示,将二维数组的一行的 3 个数组元素设计成不同的数据类型。在该程序段中,二维数组 array 的第 1 行的 3 个下标变量数据类型分别为数值型、字符串型和字符型。这种灵活性,为后续算法设计提供了基础条件。

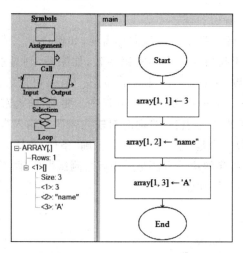

图 6-21 将数组元素设计成为 Excel 的二维表形式

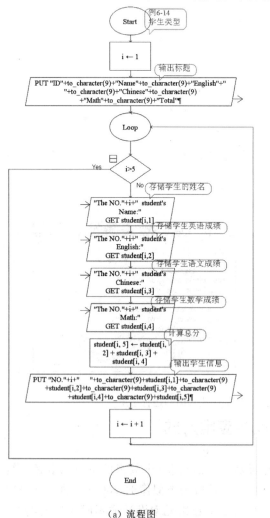

（a）流程图

【例 6-14】 学生类型。

假设有 5 名学生信息，包括姓名和 3 门课程的成绩，求每个学生课程成绩总分，并显示每个学生信息。

问题分析：程序中每个学生信息都需要从键盘输入，为了减少输入工作量，仅选用 5 个学生作为对象。由于每个学生信息的数据类型不同，选择二维数组 student 存放学生的相关信息。数组中第 1 下标表示学生，第 2 个下标表示该学生的信息，例如，student[2，3]表示第 2 个学生的第 2 门课程的成绩。学生的总分可以用 3 门课的成绩相加求得。

解 RAPTOR 程序实现，如图 6-22 所示。

ID	Name	English	Chinese	Math	Total
NO.1	Mary	56	85	95	236
NO.2	Haley	89	85	96	270
NO.3	Ellen	78	94	86	258
NO.4	Gaye	74	82	93	249
NO.5	Carl	94	96	83	273

----Run complete. 51 symbols evaluated.----

（b）运行结果

图 6-22 学生类型问题的 RAPTOR 示例流程图和运行结果

【例 6-15】 学生总分成绩排名。

假设有 5 名学生信息,包括姓名和 3 门课程的成绩,求每个学生课程成绩总分,并按照总分成绩由高到低排名。

问题分析:本题是在例 6-14 基础上对学生总分进行排序。排序方法可以采用常用排序方法之一冒泡排序。本题关键就是排序过程中信息交换,要将一行的每个数据都进行交换,不能有遗漏,否则会造成数据位置的混乱。

本题为了使程序结构更加清晰,采用子过程方式(关于子过程概念在后续章节介绍)完成。主图 main 用于输入数据、子过程 sort 调用,输出结果以及程序整体流程的控制;子过程 sort 用于实现对总分排序;子过程 swap 用于排序过程中数据的交换。

解 RAPTOR 程序实现,如图 6-23 所示。

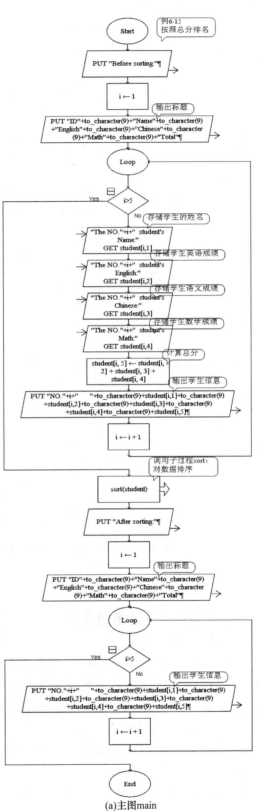

(d)运行结果

(a)主图main

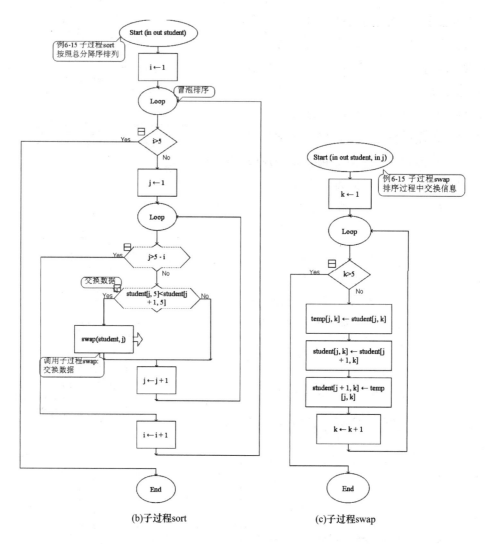

(b)子过程sort   (c)子过程swap

图 6-23   学生总分成绩排序问题的 RAPTOR 示例流程图和运行结果

 课后讨论

能力拓展——数组的应用

斐波那契数列问题。

这是由一个古老的数学问题。著名意大利数学家 Fibonacci 曾提出一个有趣的问题：设有一对新生兔子，我们称作小兔子，长到第二个月的时候，称作中兔子，长到第三个月称作老兔子，从第三个月开始每对老兔子每个月都生一对小兔子。按此规律，并假设这些兔子都不死，一年后共有多少对兔子。

要求：从键盘输入 n 表示第 n 个月。输出：从第一个月到第 n 个月的兔子的数目的序列。

请读者使用数组和循环两种方式实现。

本 章 小 结

　　数组是程序设计中最常用的数据结构,也是实现其他重要数据结构(如栈、队列、树和图)的基础。数组的使用很有规律,常常和循环结构联合使用。本章介绍了一维数组、二维数组以及字符数组的定义、基本使用方法等。RAPTOR 数组与其他程序设计语言中数组的最大区别在于:其他程序设计语言要求同一数组数组元素的数据类型必须是同类型,而RAPTOR 数组中的数组元素的数据类型可以相同也可以不相同,这个特点为处理结构体数据提供了方便。同时,读者要注重典型例题如排序、求最大值、矩阵计算等知识点的理解,在实际应用中学会灵活应用。

习　　题

　　1. 将第 4 章例 4-6 简单猜数游戏,改为在猜数游戏中,每次计算机随机产生 10 个 100以内整数,如果玩家猜对了,则计算机给出提示信息"Right",否则提示为"Wrong"。要求:用数组形式实现。

　　2. 输入一行字符串,统计字符串中英文字母、数字、空格和其他字符的个数。

　　3. 已知一个 3×4 的矩阵 A,求它的转置矩阵 B。

　　【提示】　所谓转置矩阵是矩阵 A 第 i 行正好是矩阵 B 的第 i 列。

　　4. 掷骰子。骰子是一个有六个面的正方体,每个面分别印有 1~6 的小圆点代表点数(这里要求每个面不会出现相同的点数)。假设这个游戏的规则是:两个人轮流掷骰子 6 次,并将每次投掷的点数累加起来。点数多者获胜;点数相同则为平局。

　　要求:编写程序模拟这个游戏的过程,并求出玩 50 盘之后谁是最终的获胜者。

　　5. 狼追兔子的问题。

　　一只兔子躲进了 10 个环形分布的洞中的一个。狼在第一个洞中没有找到兔子,就隔一个洞,到第 3 个洞去找;也没有找到,就隔 2 个洞,到第 6 个洞去找;以后每次多一个洞去找兔子……,这样下去,如果一直找不到兔子,请问兔子可能在哪个洞中?

　　要求:编写程序,求出兔子可能藏身的洞。

　　【提示】　先定义一个数组 a[10],其数组元素为 a[1],a[2],a[3]…a[10],这 10 个数组元素分别表示 10 个洞,并初始赋值为 1。接着"枚举法"找兔子,由于洞只有 10 个,因此第 N 次查找对应第 n%10 个洞,如果在第 n%10 个洞中没有找到兔子,则将数组元素 a[n%10]赋值为0。循环结束后,判断数组 a 各元素的值,若仍为 1,则兔子可能藏身在该洞中。

　　6. 程序设计比赛的问题。

　　N 个选手参加"程序设计比赛",比赛的规则是最后得分越低,名次越低。当半决赛结束时,要在现场按照选手最后得分宣布选手排名(不考虑选手最后得分有相同分数的情况)。请编写程序实现选手排名。

第7章 用 RAPTOR 子过程实现模块化程序设计

1969 年，Wirth 提出采用"自顶向下逐步求精、分而治之"的原则进行大型程序的设计。运用科学抽象的方法，将系统按功能进行分解，一步一步按层次把大功能分解为小功能，从上到下，每一层不断将功能细化，到最后一层都是功能单一、简单易实现的模块，这就是我们所说的"模块化程序设计"思想，模块化程序设计不仅使程序更容易理解，也更容易调试和维护。

本章学习目标：

通过本章学习，你将能够：

☑ 了解程序设计中为什么要模块化；

☑ 掌握子过程的概念；

☑ 运用子过程设计程序。

7.1 模块化程序设计的引入

前面章节介绍的大部分程序都是由一个主图 main 构成，程序的所有操作都在这个主图 main 中完成。事实上，RAPTOR 程序还可以包括若干个子程序，如第 6 章例 6.10。在进行程序设计过程中把一个大的问题按照功能划分为若干个小的功能模块，每个模块完成一个确定的功能，在这些功能模块之间建立必要的联系，互相协作完成整个程序要完成的功能，这种方法称为模块化程序设计。模块化程序设计不仅使程序更容易理解，也更容易调试和维护。

到这里读者也许会提出问题：有些程序只用一个主图 main 就可以实现编程，为什么还要将程序分解成若干模块，有必要吗？事实上，对于小程序可以只用一个主图 main，但要是较长的程序就不适合了。下面通过一个例子来说明模块化程序设计好处。

【例 7-1】 编程求解 $C_n^m = \dfrac{n!}{m!\ (n-m)!}$（$m$、$n$ 都大于 0）。

问题分析：求解上面的公式最重要的就是计算阶乘，需要分别计算出 $n!$、$m!$ 和 $(n-m)!$，而求解一个数的阶乘可以用单循环来实现。

解 RAPTOR 程序实现，如图 7-1 所示。

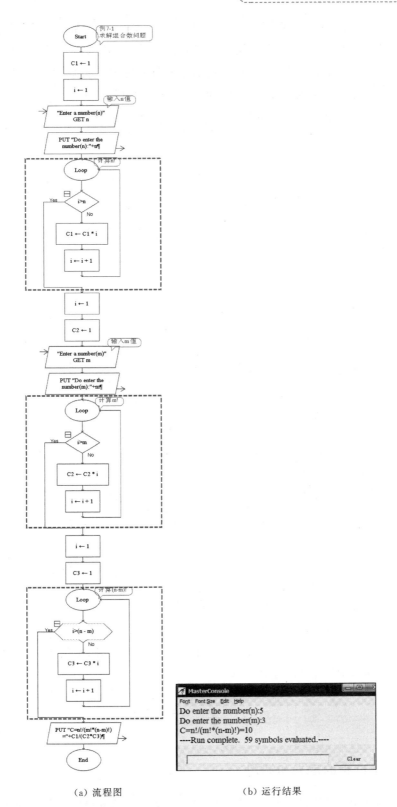

（a）流程图　　　　　　（b）运行结果

图 7-1　求解 $C_n^m = \dfrac{n!}{m!\,(n-m)!}$ 的 RAPTOR 示例流程图和运行结果

从上面的程序可以看出,在没有学习 RAPTOR 子过程之前,编写该程序需要利用 3 次循环分别对 $n!$、$m!$、$(n-m)!$ 求解。这 3 次循环除了阶乘的次数不同外,循环中使用图形符号和功能都是相同的(虚框部分)。如果要对重复性程序段部分修改,就需要对每个程序段进行修改,不仅给设计者带来很大不便,而且使得程序很长。为了使设计程序更加简练,避免程序段重复,可以将图 7-1 中重复程序段改造成一个子程序。

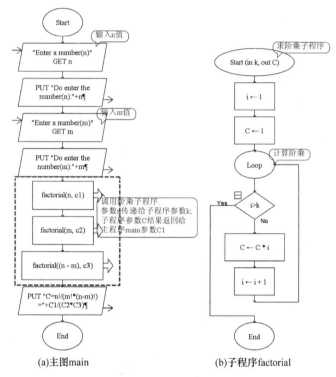

图 7-2　利用子程序方式求解 $C_n^m = \dfrac{n!}{m!\,(n-m)!}$ 的 RAPTOR 示例流程图

从图 7-2 可以看出,主图 main 通过三次调用子程序分别实现求解阶乘问题,每个过程调用都相互独立(虚框部分),程序功能结构清晰。由此可见,模块化程序设计的好处在于:

(1) 程序功能独立,每一个模块实现单一功能。

(2) 代码段重用,可以在一个程序的多个位置使用。

(3) 降低程序的复杂度,使得程序设计、调试和维护等操作简单化。

(4) 程序结构清晰,容易阅读和理解。

7.2　子　过　程

7.2.1　子过程的定义和调用

【例 7-2】　采用子过程设计方法,从键盘上输入 n 值,求解 n 以内阶乘和 $Sum = 1! + 2! + 3! + \cdots + n!$。其中主图用于实现数据输入和输出,子过程实现求解阶乘的累加和。

问题分析：依据题意，从整体分析可以将程序划分成不同功能的模块，使得一个复杂的功能程序划分成为一些更小、更简单的功能程序。按照本题实现的功能可将程序分解为"求解阶乘""求解累加和""输入输出"等三个模块，其中"求解累加和"功能实现比较简单，可以与"求解阶乘"功能一起实现，因此本程序分为两个模块：主图 main 用于实现数据输入和输出；子过程用于实现求解阶乘和累加功能。

本题在实现过程中，要解决几个问题：一是如何创建子过程；二是子过程中使用的变量和主图的变量有何关系；三是主图如何调用子过程。

1. 创建子过程

创建一个子过程的方法：将鼠标光标定位在主图"main"标签上，单击右键，选择"Add procedure"选项，将出现一个创建子过程对话框，提示为子过程命名和参数定义，如图 7-3 所示。

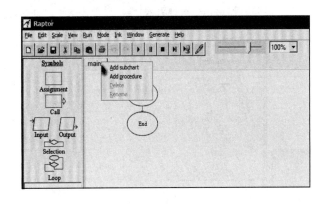
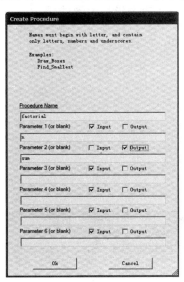

(a)RAPTOR窗口　　　　　　　　　　(b)过程名和参数定义

图 7-3　子过程的创建

其中"过程名"的命名可以是任何有效地 RAPTOR 标识符；"参数"是调用子过程时交换信息，可以由 1 个或多个（最多不能超过 6 个）组成。参数分为形式参数和实际参数，在主图 main 中调用子过程的参数为实际参数，简称"实参"；在定义子过程时设定的参数为形式参数，简称"形参"。如图 7-3 所示是对子过程的参数（即形参）进行定义，参数定义形式包括以下 3 种传递方式。

（1）输入（Input）：正向传递，参数从调用者向被调用过程单向传递，即实参赋给形参。其中实参可以是常量、变量、函数和表达式；

（2）输出（Output）：反向传递，参数从被调用者向调用过程单向传递，实参和形参都必须是变量，过程结束时，形参赋给实参。

（3）输入/输出（Input/Output）：双向传递，参数从调用者向被调用过程双向传递。其中实参一定是变量；

> 💡 **注意**：当 RAPTOR "mode（模式）"设置为"Intermediate（中级）"时，则有"Add subchart"选项和"Add procedure"两个选项。

　　依照题意分析，对例 7-2 创建一个名为"factorial"子过程。该子过程用于实现求解阶乘和累加功能。由于主图 main 声明的变量 m 和变量 n 需要传递给子过程使用，而子过程执行后的结果 sum 需要返回给主图 main，因此子过程参数 n 用于接收主图 main 传递给参数值，即设置为输入形式 Input（正向传递）；子过程参数 sum 用于将子过程执行后的结果值 sum 返回给主图 main，即设置为输出形式 output（反向传递）。本题 RAPTOR 流程图由 1 个主图和 1 个子过程 factorial 组成，如图 7-4 所示。创建的子过程将在主图 main 选项卡右侧会出现一个新的"标签"，要编辑子过程，只需单击与其相关的子过程标签即可，一次只能查看或编辑一个子过程。

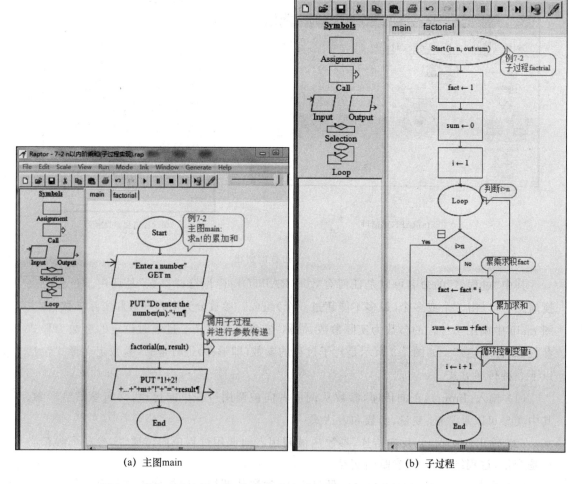

(a) 主图 main　　　　　　　　　　　　　　(b) 子过程

图 7-4　具有 1 个主图 main 和 1 个子过程的求解 $n!$ 累加和 RAPTOR 程序

　　从图 7-4 可以看出，主图和子过程之间相同之处在于：主图和子过程都是完整

RAPTOR 流程图,包含了"Start"和"End"语句。

不同之处在于:

(1) 它们之间相互独立,主图和子过程实现各自功能;

(2) 它们各自具有独立变量。

主图 main 和子过程 factorial 变量关系是怎样的? 子过程 factorial 如何被调用执行?

2. 子过程调用

程序从主图 main"Start"语句开始执行,当执行到调用子过程时需执行以下几个步骤。

Step 1:主图 main 程序在调用处暂停执行。

Step 2:转向调用子过程时,实参的值一一对应传递给形参;

Step 3:执行子过程;

Step 4:子过程执行结束,形参传递形式为 output 的参数值返回给主图 main 对应的实参,并继续执行调用语句的下一语句。整个算法程序仍终止于主图 main 中的"End"语句。

对例 7-2 子过程调用进行跟踪分析。如图 7-5 和图 7-6 分别所示,当主图 main 执行到"调用过程符号 factorial"时(实线加粗部分显示),流程从调用语句转向被调用的子过程,同时将参数 m 的值传递给子过程 factorial 的参数 n,被调用子过程 factorial 接收主图 main 传递的实参值后从"Start"语句开始执行,一直到"End"语句结束,程序返回到调用该子过程的调用语句,同时将子过程中形参 sum 的值传递给主图 main 的实参 result,并继续执行调用语句的下一个语句。整个算法程序仍然终止于主图 main 中的"End"语句。

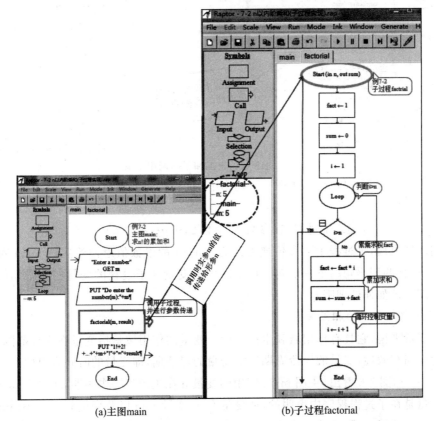

(a)主图main   (b)子过程factorial

图 7-5 求解 $n!$ 累加和子图调用开始

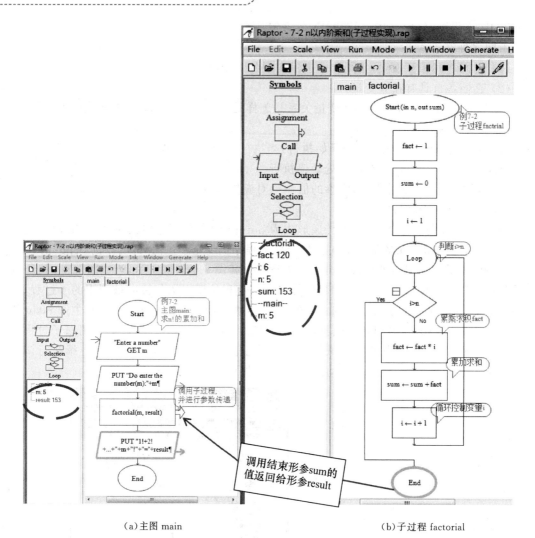

（a）主图 main　　　　　　　　　　　　　（b）子过程 factorial

图 7-6　求解 $n!$ 累加和子图调用结束

通过上面的跟踪分析可见，主图 main 调用子过程时需要通过参数交换信息，即调用形式为：

子过程名（参数 1，参数 2，……，参数 6）

当调用结束后，子过程中形参传递方式为 output 的参数值返回给主图 main 对应的实参，并继续执行调用语句的下一语句。但主图中的变量和子过程的变量的关系如何呢？变量生命周期又该如何处理呢？

3.　子过程与变量的相互关系

对于变量来说，它具有作用域和生命周期。变量的作用域是指变量在什么范围内有效，即变量的空间有效性；变量的生命周期决定变量的存活期，即变量的时间有效性。

从图 7-5 和图 7-6 看出，主图 main 使用的变量 n 在主图程序中声明，子过程 factorial 中使用的变量是在子过程程序中声明的，如变量 fact、变量 sum 以及变量 i。当主图 main 调用子过程 factorial 时，主图参数 m 的值传递给子过程 factorial 的参数 n，并转到子过程执行，执行结束后返回到调用该子过程的调用语句，并将子过程中形参 sum 的值传递给主图 main

的实参 result,继续执行调用语句的下一个语句。在这个调用执行过程中,从图 7-5 和图 7-6
观察窗口(虚线圆圈部分)的变量变化过程可知主图和子过程具有各自的一套独立变量,即
每个过程中变量的作用域仅局限于本过程。主图调用子过程时,除了需要传递给子过程的
参数变量外,主图的变量值变化不会影响子过程变量的改变,同样,子过程的变量值变化也
不会影响主图变量的改变。当子过程调用结束后,除返回给主图的参数变量外,子过程其他
所有变量立即删除。

因此,子过程的变量作用域从调用子过程后变量被定义的位置开始,直到子过程
"End"语句变量都是可以使用的,一旦子过程调用结束,除返回给主图的参数变量外,子
过程其他所有变量的生命周期也将随着子过程程序的结束而结束。如图 7-7 所示,程序
执行两次的运行结果。

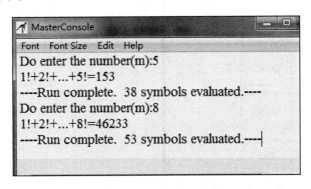

图 7-7　求解 $n!$ 累加和运行结果

7.2.2　子过程的参数传递

前面 7.2.1 节介绍子过程的定义和调用,由于子过程和主图具有各自的一套独立变量,
当主图调用子过程时需要通过参数传递交互信息,调用结束时,根据对参数设定是否决定将
结果返回给调用程序。读者可以将主图 main 调用子过程这一过程想象成一个经理(主图)
给员工(子过程)分配任务,他让不同的员工分别做不同的工作,布置工作时,他给员工必要
的参考资料或数据,工作完成后,员工给他一份报告。这样一个工作就可以完成。子过程需
要提供数据和得到报告,数据通过参数提供,报告从返回值返回。本节通过几个典型问题的
解析,介绍子过程参数传递和返回值。

前面介绍过在主图中调用子过程的参数称为实参,它可以是常量、变量、函数和表达式;
在定义子过程时设定的参数称为形参。调用时实参与形参之间的参数传递按照传递方式分
为输入(Input)、输出(Output)以及输入/输出(Input/Output)三种方式。按照参数类型分
为以下几种方式。

1. 常量作为实参

当常量作为实参时,参数传递数据只能是主图的实参传递给子过程的形参,即正向传
递,传递方式为输入(Input)。

【例 7-3】　采用子过程设计方法,计算 3 个圆的面积和周长,这 3 个圆的半径分别为 2、3、4。

问题分析:依据题意,要求解半径分别为 2、3、4 的圆的面积和周长,可以定义一个子过程 circle 用于根据半径 r 计算圆的周长和面积。主图用于实现调用子过程。

解 RAPTOR 程序实现,如图 7-8 所示。

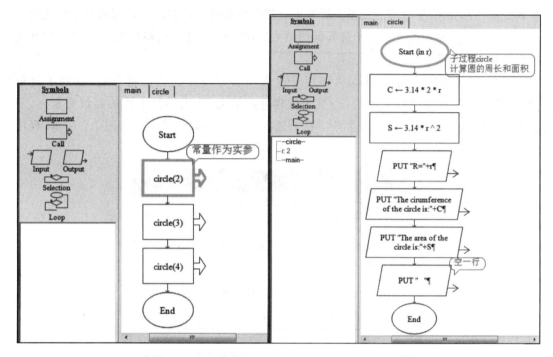

(a)主图 main   (b)子过程 circle

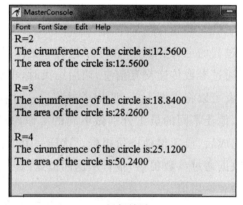

(c)运行结果

图 7-8 求 3 个圆的面积和周长 RAPTOR 示例流程图及运行结果

从图 7-8 可以看出,常量作为实参,参数传递方式设置为"Input",当主图第一次调用 circle 子过程时,将实参的值传递给形参变量 r,并执行子过程中的语句,调用结束后,子过程中变量 r 被释放,程序返回主图,并继续执行程序。

2. 变量作为实参

当变量作为实参时,形参也必须定义为变量,实参变量类型与形参变量类型相同,实参变量名与形参变量名可以相同也可以不相同。调用子过程时,参数传递数据可以只是将主图实参变量的值传递给子过程形参变量,调用结束后,形参变量的值不返回给主图,即正向传递,传递方式为输入;或者是主图实参变量的值传递给子过程形参变量,调用结束后,形参变量的值返回给主图,即双向传递,传递方式为输入/输出(Input/Output)。例如图 7-9 是变量作为实参,参数传递方式为输入的 RAPTOR 示例流程图和运行结果。

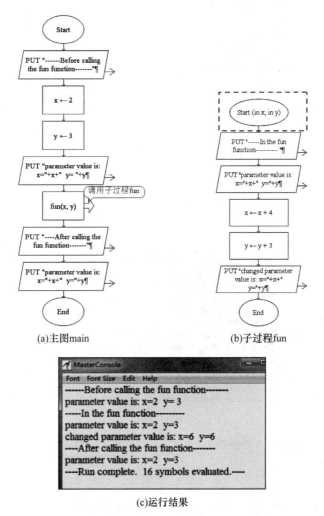

(a)主图main　　　　　　　　(b)子过程fun

(c)运行结果

图 7-9　变量作为实参(参数传递方式为输入)的 RAPTOR 示例流程图和运行结果

从图 7-9 可以看出,实参和形参两个变量名相同,当参数传递方式设置为"Input"时(虚线框部分),调用 fun 子过程,实参变量 x、y 的值传递给形参变量 x、y,调用结束后,形参变量的值不返回给主图,虽然形参变量发生改变,但没有影响实参变量的值改变。

如果要想形参变量的改变影响实参变量,可以设置为参数传递方式为双向传递,即输入/输出(Input/Output)(如图 7-10 虚线框部分)。例如图 7-10 是变量作为实参,参数传递方式为输入/输出(Input/Output)的 RAPTOR 示例流程图和运行结果。

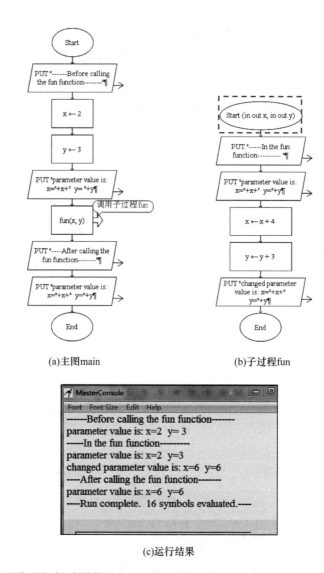

(a)主图main   (b)子过程fun

(c)运行结果

图 7-10　变量作为实参(参数传递方式为输入/输出)的 RAPTOR 示例流程图和运行结果

3. 函数作为实参

当函数作为实参时,同变量作为实参相似,形参也必须定义为变量。例如图 7-11 是函数作为实参,参数传递方式为输入的 RAPTOR 示例流程图和运行结果。

从图 7-11 可以看出,max()函数作为实参,调用子过程时,同变量和常量作为实参相同之处在于同样参数传递,所不同之处在于需要将 max()函数的结果传递,即取主图中变量 x、y 的最大值的值传递给形参变量 x。

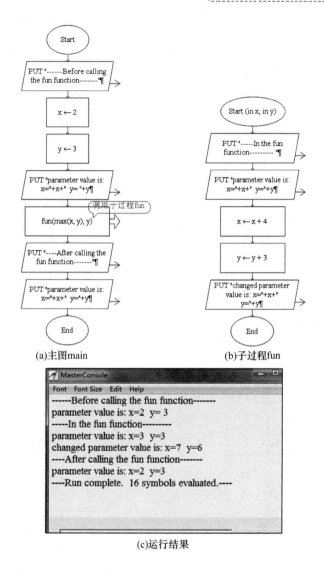

(a)主图main   (b)子过程fun

(c)运行结果

图 7-11　函数作为实参(参数传递方式为输入)的 RAPTOR 示例流程图和运行结果

4. 数组名作为实参

除了常量、变量、函数之外,数组名也可以作为实参进行参数传递,但要求形参也必须也是一个数组名。例如图 7-12 是数组名作为实参,参数传递方式为输入的 RAPTOR 示例流程图和运行结果。

从图 7-12 可以看出,当数组名 a 作为实参,调用子过程时,数组 a 中所有数组元素传递给形参数组 b,但形参数组 b 的元素发生改变时,实参数组 a 的元素仍然保持不变。这一点与其他程序设计语言中以数组名作为参数传递时有所不同,请读者要注意。

因此,在 RAPTOR 子过程调用中,无论是常量、变量、函数、数组名都可以作为实参传递给形参,但形参的改变都不会影响实参的值改变。如果要实参发生改变,就需要通过返回值方式,即参数传递方式为"Output"或者为"Input/Output",将形参的值返回到被调用函数中。

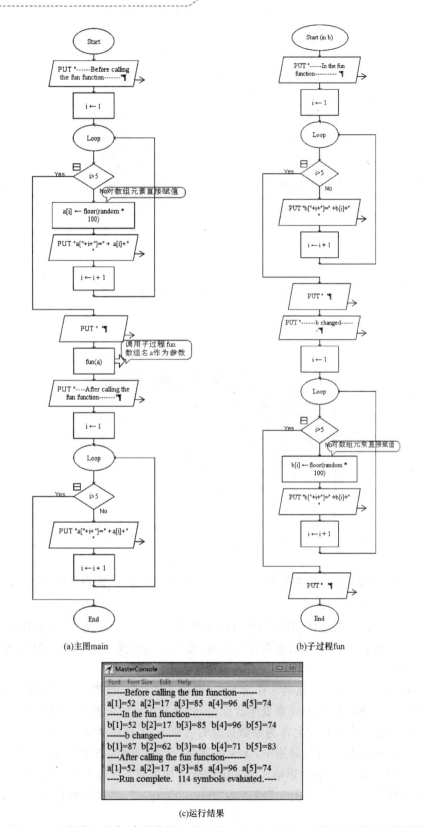

(a)主图main

(b)子过程fun

(c)运行结果

图 7-12　函数作为实参(参数传递方式为输入)的 RAPTOR 示例流程图和运行结果

7.3 子过程实现模块化程序设计应用举例

【**例 7-4**】 采用子过程设计方法,求解两个任意正整数的最大公约数(最大公因数),要求:从键盘上输入 m 和 n 值,如果 m 和 n 中任意一个为负整数,则提示"input error",否则求解这两个整数的最大公因数,其中子过程 GCD 实现求解最大公因数。

问题分析:如果 $a×b=c(a、b、c$ 都不是为 0 的自然数),那么 a 和 b 都是 c 的因数,c 就是 a,b 的倍数。几个数公有的因数,叫作这几个数的公因数。几个数的公因数中最大的一个叫作这几个数的最大公因数。

根据公因数的定义可知,某个数的所有因数必不大于这个数本身,几个自然数的最大公因数必不大于其中任何一个数。

因此对于输入的两个整数 m 和 $n(m≠n)$,求出最大公因数的方法有两种:第一种是采用枚举法按从小到大(初值为 1,最大值为两个正整数当中较小的数)的顺序将所有满足条件的公因数列出,输出其中最大的一个;第二种是按照从大(两个正整数中当中较小的数)到小(到最小的正整数 1)的顺序求出第一个能同时整除两个正整数的自然数,即为所求。无论按照从小到大还是从小到大的顺序找寻最大公因数,最关键的是找出两个正整数中的较小的数。

本题采用第二种方法实现,即从两个数较小值开始查找公因数,求出第一个能同时整除两个正整数的自然数即为最大公因数。因此如果 $m>n$,从 n 开始递减查找公约数;否则,从 m 开始递减查找公约数。

主图 main 用于输入和判断两个正整数的关系;子过程 GCD 用于求解这两个正整数的公因数。

解 RAPTOR 程序的实现,如图 7-13 所示。

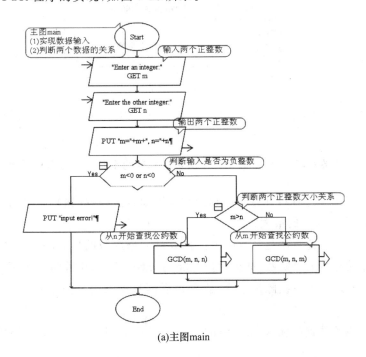

(a)主图main

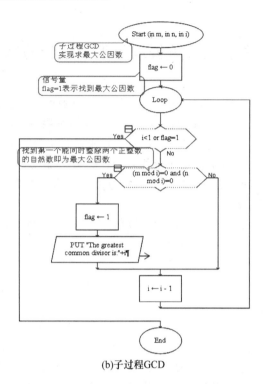

(b)子过程GCD

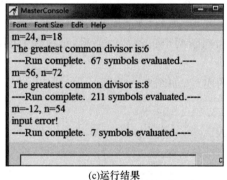

(c)运行结果

图 7-13　求解两个正整数最大公因数的 RAPTOR 示例流程图和运行结果

　　思考：请读者思考，如何使用第一种方法实现求解两个任意正整数的最大公约数呢？

　　【例 7-5】　采用子过程设计方法。利用欧几里德算法（也称辗转相除法）计算两个任意正整数 m、$n(m>0,n>0)$ 的最大公约数。

　　问题分析：欧几里德算法是计算两个正整数最大公约数的另外一种传统算法。其方法是：首先要确保被除数大于除数，如果两数相除的余数不是 0，则除数作为新的被除数，余数作为新的除数，再进行下一次除法运算，直到最后两数相除的余数是 0，此时除数就是最大公约数。

　　主图 main 用于数据的输入和结果输出，子过程 Gys 用于求解最大公约数。

解　RAPTOR 程序的实现,如图 7-14 所示。

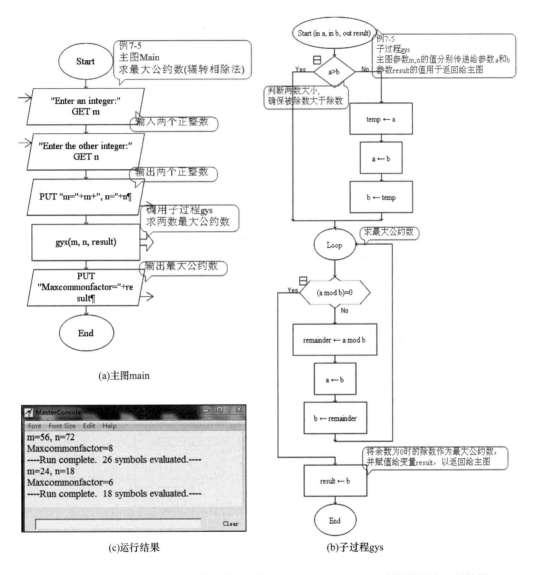

图 7-14　求解两个正整数最大公因数(辗转相除法)的 RAPTOR 示例流程图和运行结果

【例 7-6】 采用子过程设计方法,分别求解两个班级某门课程成绩的平均分。假设两个班级的人数分别为 20 和 25,同时为了减少输入大量数据的工作,利用随机数的方式产生 0~100 的数作为两个班级的课程成绩。

问题分析:依据题意,两个班级的人数不同,但实现功能相同,即都是求解某门课程成绩的平均分。因此可以采用子过程设计方法,主图 main 用于实现获得某门课程成绩的数据和输出课程成绩的平均分;子过程 average 用于实现计算课程的平均分。

解　RAPTOR 程序的实现,如图 7-15 所示。

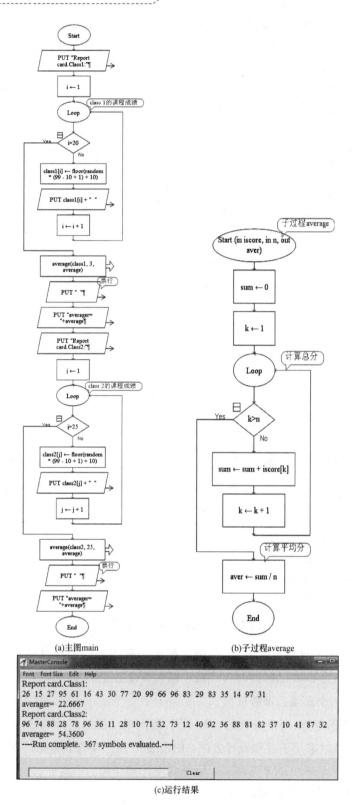

(a)主图main   (b)子过程average

```
MasterConsole
Font  Font Size  Edit  Help
Report card.Class1:
26  15  27  95  61  16  43  30  77  20  99  66  96  83  29  83  35  14  97  31
averager=  22.6667
Report card.Class2:
96  74  88  28  78  96  36  11  28  10  71  32  73  12  40  92  36  88  81  82  37  10  41  87  32
averager=  54.3600
----Run complete.  367 symbols evaluated.----
                                    Clear
```

(c)运行结果

图 7-15　求解两个班级某门课程成绩的平均分的 RAPTOR 示例流程图和运行结果

【例 7-7】 采用子过程设计方法。随机生成 10 个 2 位正整数,按从小到大排序,并统计所产生的数字中 30~80 的数字的个数(包含 30 和 80)。同时要求按如下的功能输出:

(1) 输出排序前的数字,数字之间用空格隔开;

(2) 输出排序后的数字,数字之间用空格隔开;

(3) 输出 30~80 的数字的个数,如果没有该范围的数字,则给出说明。

问题分析:本题要实现对一组数据的排序和统计个数,因此可以采用一维数组实现。要对这组数据实现不同功能,为了程序结构清晰,采用子过程方法实现,为此该程序包括主图 main、子过程 sort 和子过程 after。

其中主图 main 用于输入 10 个数据、调用排序子过程 sort 和调用排序后子过程 after,由于输出排序前的数字功能比较简单,所以在主图中完成。

子过程 sort 用于实现对这 10 个数据进行从小到大排序。将主图中数组名 array 作为实参传递给形参 array,同时还需要将子过程运行结果返回给主图,因此参数 array 传递方式为双向传递。

子过程 after 用于实现对这 10 个数据排序后输出和统计 30~80 的数据个数。

解 RAPTOR 程序的实现,如图 7-16 所示。

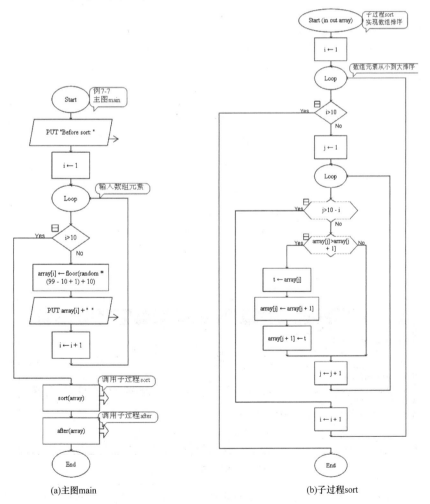

(a)主图 main   (b)子过程 sort

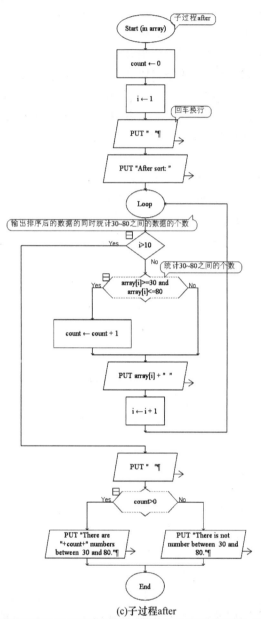

(c)子过程after

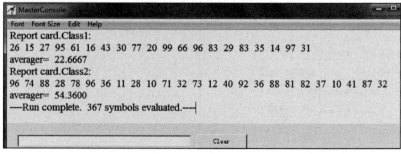

(d) 运行结果

图 7-16 求解数组排序与统计问题的 RAPTOR 示例流程图和运行结果

【**例 7-8**】 采用子过程设计方法,输入 N 个数存放在一维数组中,求 N 个数的最大值和最小值,并输出 N 个数以及最大值和最小值。

问题分析:依据题意,要实现 N 个数据的输入、求 N 个数的最大值和最小值以及输出最大值和最小值的功能,可以使用一维数组的方式存储这组 N 个数据。该程序可以采用子过程设计方法,主图 main 用于实现这组数据输入、调用子过程;子过程 Max_Min 用于实现求解 N 个数的最大值和最小值以及输出。

解 RAPTOR 程序的实现,如图 7-17 所示。

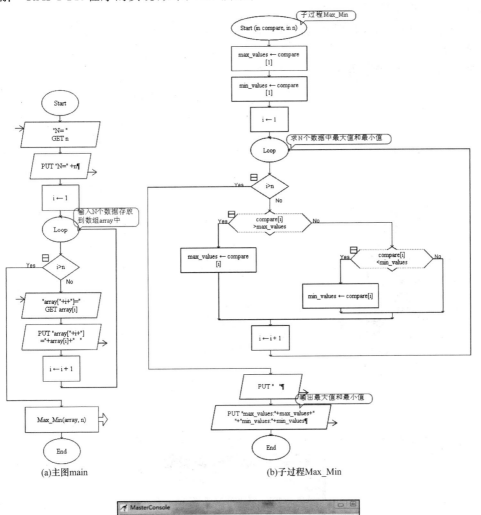

(a)主图main   (b)子过程Max_Min

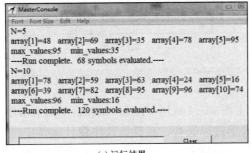

(c) 运行结果

图 7-17 求解 N 个数据最大值和最小值问题的 RAPTOR 示例流程图和运行结果

【例 7-9】 采用子过程设计方法，求解 $\sum_{x=1}^{n} x^k$ 。

问题分析：若 $n=5$，$k=3$，则 $\sum_{x=1}^{5} x^3 = 1^3 + 2^3 + 3^3 + 4^3 + 5^3$ 。该问题其算法表示如下。

Step 1：输入 n 和 k；

Step 2：乘方运算，即计算 1^k、2^k、$\cdots$、n^k；

Step 3：求和运算，将乘方运算所得结果求和，即计算 $1^k + 2^k + \cdots + n^k$；

Step 4：输出结果。

主图 main 用于输入数据和输出数据；子过程 sop 用于实现累加和运算；子过程 power 用于实现乘方运算。

解 RAPTOR 程序实现，如图 7-18 所示。

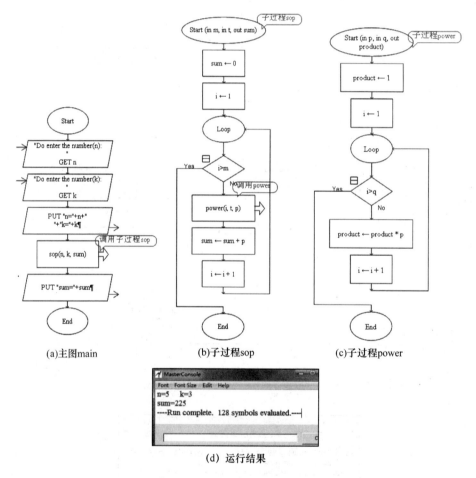

(a)主图main   (b)子过程sop   (c)子过程power

(d) 运行结果

图 7-18 求解 $\sum_{x=1}^{n} x^k$ 问题的 RAPTOR 示例流程图和运行结果

从图 7-18 可以看出，主图 main 调用子过程 sop 后，子过程 sop 在执行过程中又调用子过程 power，这种调用方式子过程嵌套。在其他程序设计语言中也会出现这种嵌套方式，其调用的过程与非嵌套一样，所不同的是：子过程 power 如果有返回值，则程序返回到子过程 sop 的调用语句，并继续执行调用语句的下一个语句。

本 章 小 结

　　程序设计过程中把一个大的问题按照功能划分为若干个小的功能模块,每个模块完成一个确定的功能,在这些功能模块之间建立必要的联系,互相协作完成整个程序要完成的功能,这种方法称为模块化程序设计。模块化程序设计不仅使程序更容易理解,也更容易调试和维护。它是结构化程序设计的主要原则之一,也是计算思维中问题求解抽象化的具体体现。

　　本章重点介绍子过程的定义和调用、子过程与变量的相互关系、利用子过程实现模块化程序设计等。读者需认真体会本章讲述的例题,反复练习。在实际应用中,子过程的应用必不可少,应该牢固掌握。

习　　题

　　1. 采用子过程程序设计方法,求出并输出 100～200 所有的素数。

　　2. 采用子过程程序设计方法,将从键盘上输入的正整数转换为二进制字符串、八进制字符串和十六进制字符串。

　　3. 编写程序实现反向输出正整数的每一位数字。

　　要求:主图 main 实现输入一个正整数 n,子程序实现 n 的反序输出。

　　4. 输入一个字符串,编写程序对输入的字符串进行转换,如果字符串中的字符是小写英文字母就转换成大写字母;如果字符串中的字符是大写英文字母就转换成小写字母,其他字符不转换,输出转换前后的字符串。

　　要求:主图 main 实现输入输出转换前后的字符串,子过程实现字符串转换。

　　5. 编写程序,给学生随机连续出 5 道 100 以内正整数加法运算题,如果输入答案正确,则显示"Right!",否则显示"Not correct!",做错不给机会重做,5 道题做完后,按每题 20 分统计总分,然后输出总分、正确题目数量以及错误题目数量。

　　要求:主图 main 实现随机出题,子过程实现判断输入答案是否正确、总分计算、对错题目数量统计及输出。

　　6. 学生成绩统计问题。

　　从键盘上输入一个班(全班最多不超过 30 人)学生某门课程的成绩,当输入成绩为负值时,输入结束,分别实现下列功能:

　　(1) 统计不及格人数并输出不及格学生的学号;

　　(2) 统计成绩在全班平均分以上(含平均分)的学生人数,并输出学生的学号;

　　(3) 统计各分数段的学生人数及所占的百分比。

第 8 章　RAPTOR 图形设计与视窗交互

本章学习目标：

> 通过本章学习，你将能够：
> ☑ 掌握如何创建图形窗口；
> ☑ 掌握常用图形函数应用；
> ☑ 掌握在视窗环境下与键盘、鼠标的交互；
> ☑ 学会在图形窗口下设计图形。

前面几章介绍了程序设计的各种基本元素，如变量、表达式、运算符、控制结构、子程序和子图的基本概念和应用，这些基本概念适用于大部分主流和常用的程序设计语言。利用这些基本元素设计的程序，其输入和输出都是基于文本和数值，在经过程序计算后，将程序运行结果在主控制台上输出。

RAPTOR 除了可以输出文本和数值外，还可以输出图形。RAPTOR 图形功能的实现是依靠一组预先定义好的过程，通过直接调用这些过程并定义必要的参数即可在计算机屏幕上绘制图形对象。RAPTOR 图形设计与前几章给读者介绍 RAPTOR 流程图设计方法一样简便，只需利用 RAPTOR 提供的各种绘图命令和填色命令，就可以实现绘制RAPTOR 图形。除此之外，还可以利用 RAPTOR 提供的视窗交互功能编制许多有趣的、可以互动的 RAPTOR 程序。

8.1　绘制基本图形

RAPTOR 使用一系列图形函数（系统内设的子程序，调用方式与用户设计的子程序完全相同）完成图形界面的设计。这些图形函数可以绘制常见各类图形，如矩形、圆、弧和线段等。下面通过一个简单绘制图形例子介绍 RAPTOR 图形绘制的基本方法和操作。

【例 8-1】　利用 RAPTOR 的图形函数绘制可爱"卡通笑脸"，如图 8-1 所示。

图 8-1　卡通图像

问题分析：要想利用 RAPTOR 的图形函数绘制"卡通笑脸"，需要考虑以下几个问题。

（1）图形在什么窗口下可以绘制？

（2）如何打开 RAPTOR 的图形窗口界面？

（3）图形由哪些图形形状构成？

（4）对应图形形状使用的 RAPTOR 图形函数是哪些？

（5）如何对图形填充色彩？

根据上面的问题，通过对图形仔细观察发现，"卡通笑脸"是由矩形、椭圆形、弧形等多种类型图形形状构成。绘制这些图形形状和填充色彩，需要通过以下几个步骤：

（1）创建 RAPTOR 图形窗口；

（2）绘制矩形图形形状；

（3）绘制圆形图形形状；

（4）绘制弧形图形形状；

（5）填充颜色。

8.1.1　RAPTOR 图形窗口

1. 创建图形窗口

要在 RAPTOR 中输出一个图形，就必须先创建一个图形窗口，这样才可以调用 RAPTOR 的各类图形函数实现图形形状的绘制。创建图形窗口函数如下：

$$Open\_Graph\_Window(X\_Size, Y\_Size)$$

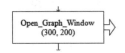

图 8-2　创建图形窗口命令

其中，坐标参数 X_Size 和 Y_Size 表示创建图形窗口的大小，如图 8-2 所示。程序通过过程调用创建一个宽度为 300 像素、高度为 200 像素的背景为白色的图形窗口。要注意的是，RAPTOR 图形窗口坐标系的原点在窗口的左下角，X 轴由 1 开始从左到右，Y 轴由 1 开始自底向上。如图 8-3 所示。

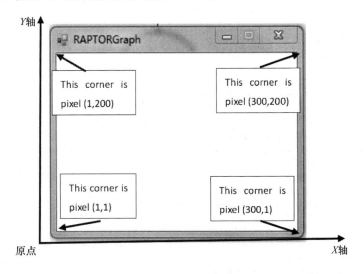

图 8-3　RAPTOR 图形窗口和坐标表示

2. 关闭图形窗口

当程序执行完所有图形命令后,可以调用关闭图形窗口函数关闭图形窗口,函数为 Close_Graph_Window,如图 8-4 所示。

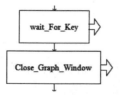

图 8-4 关闭图形窗口命令

通常情况下,当 RAPTOR 程序执行完成所有的图形命令后会立即关闭图形窗口,用户只会看到一个简单的窗口示例一闪而过,为了能够使图形窗口停留一段时间,往往在关闭图形命令前使用 Wait_For_Key 命令(关于该命令的说明详见 8.3.1 节表 8-4)使得窗口在屏幕上停留,如图 8-4 所示。

3. 获取已打开窗口高度和宽度

如果想获得创建窗口的宽度和高度,可以分别通过函数 Get_Window_Width 和 Get_Window_Height 获得。如:

$$x < - \text{Get\_Window\_Width} \text{ 或者 } y < - \text{Get\_Window\_Height}$$

4. 设置窗口标题

默认情况下,创建的图形窗口标题为"RAPTORGraph",如果想更改图形窗口标题,可以通过调用函数 Set_Window_Title(Title),其中 Title 为字符串。如:

$$\text{Set\_Window\_Title}(\text{"cartoons"})$$

8.1.2 绘制图形

RAPTOR 图形窗口创建完成后,接下来先仔细分析一下"卡通笑脸"图形构成。通过对该图形分析,可以知道绘制该图形需要使用圆形、弧形、矩形等图形形状。RAPTOR 提供了 7 个图形形状函数,用于在图形窗口中绘制图形形状,如表 8-1 所示。

表 8-1 图形形状函数与说明

图形形状	绘图函数及说明
单个像素	Put_Pixel(X,Y,Color) 设置(X,Y)上的单个像素为特定的颜色
线段	Draw_Line(X1,Y1,X2,Y2,Color) 在(X1,Y1)和(X2,Y2)之间画出一条特定颜色的线段
矩形	Draw_Box(X1,Y1,X2,Y2,Color,Unfilled/Filled) 以(X1,Y1)和(X2,Y2)为对角,画出一个矩形
圆	Draw_Circle(X,Y,Radius,Color,Filled) 以(X,Y)为圆心,Radius 为半径绘制一个圆形
椭圆	Draw_Ellipse(X1,Y1,X2,Y2,Color,Filled) 以(X1,Y1)和(X2,Y2)为对角的矩形范围内画一个椭圆 Draw_Ellipse_Rotate(X1,Y1,X2,Y2,Angle,Color,Filled) 以(X1,Y1)和(X2,Y2)为对角的矩形范围内绘制按逆时针旋转指定角度 Angle 椭圆
弧	Draw_Arc(X1,Y1,X2,Y2,Startx,Starty,Endx,Endy,Color) 以(X1,Y1)和(X2,Y2)为对角的矩形范围内画出一个椭圆的部分
绘制图像	Draw_Bitmap(Bitmap,X,Y,Width,Height) 以(X,Y)为左上角坐标,通过(Load_Bitmap 函数)装载一个给定大小的图像区域

以上表中所有图形函数在使用过程中需要注意以下几点:

(1)所有图形函数需要对参数设置必须依照定义顺序排列,如:使用绘制线段函数 Draw_Line()时,其函数的参数顺序必须为:第 1~2 个参数表示线段起始点的坐标,第 3~4 个参数表示线段终点的坐标,第 5 个参数表示为线段指定颜色;

(2) 图形函数参数可以是常量参数、变量参数和表达式参数,如:

Draw_Circle(100,100,80,red,filled)

参数坐标为常量,即以(100,100)为圆心,80 为半径绘制红色实心圆。

Draw_Circle(xCenter,yCenter,80,red,filled)

参数坐标为变量,由用户输入或者对变量赋值。若 xCenter 被赋值为 80,yCenter 被赋值为 100,则是以(80,100)为圆心,80 为半径绘制红色实心圆。

Draw_Circle(100,100,Radius * 0.3,red,filled)

参数坐标为表达式,由用户输入或者对变量赋值。若 Radius 被赋值为 50,则是以(100,100)为圆心,计算 Radius * 0.3 的结果为半径绘制红色实心圆。

(3) 绘制图形有先后顺序。当一个图形由多个图形形状组合而成时,要设置好每个图形形状所在的坐标位置,否则最新绘制的图形形状会覆盖先前绘制图形形状。

除了以上要注意点之外,还需对图形函数 Draw_Arc()和 Draw_Line()进一步作解释。

(1) Draw_Arc()函数

Draw_Arc()函数的语法格式为

$$Draw\_Arc(X1,Y1,X2,Y2,Startx,Starty,Endx,Endy,Color)$$

表示用户在指定矩形大小为(X_1,Y_1,X_2,Y_2)中绘制椭圆的一段弧。(X_1,Y_1)为矩形左上角坐标,(X_2,Y_2)为矩形右上角坐标(可以是矩形任意两个对角坐标)。

弧线起始点是椭圆中心点与坐标点(Start x,Start y)之间线段与椭圆的交点,弧线终止点是椭圆中心点与坐标点(End x,End y)之间线段与椭圆的交点,如图 8-5 所示,按逆时针方向绘制而成的一段弧线。

如绘制弧线 Draw_Arc(1,100,200,1,250,50,2,2,red),其效果如图 8-6 所示。

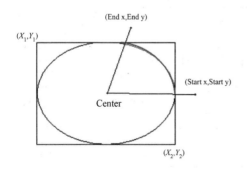

图 8-5 绘制弧线

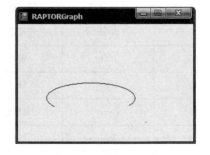

图 8-6 绘制弧线示例

(2) Draw_Line()函数

在图形窗口中绘制线段很简单,但往往会利用线段组合成任意图形,如三角形,五边形,星形等。其方法就是多次使用 Draw_Line()函数组合成完全封闭的区域,然后再用

Flood_Fill()函数(有关该函数使用在后续章节中介绍)对完全封闭区域填充所需的颜色,一般情况下,图形边界颜色和填充的颜色有所不同。但如果组合成区域没有完全封闭,填充颜色将"泄露"出来,并可能填满整个图形窗口。因此,利用 Draw_Line()函数组合成任意图形时,要确定好线段之间的坐标位置,才能组成一个完全封闭的区域。图 8-7 所示绘制一个三角形的示例。

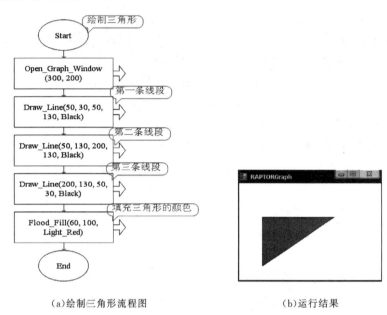

(a)绘制三角形流程图   (b)运行结果

图 8-7 三角形绘制和填充流程图

8.1.3 Color 色彩

1. 基本色彩

RAPTOR 除了提供以上绘制图形函数外,还提供了 16 种基本色彩,如表 8-2 所示。

表 8-2 图形颜色与说明

值	颜色参数	颜色说明	值	颜色参数	颜色说明
0	Black	黑色	8	Dark_Gray	深灰色
1	Blue	蓝色	9	Light_Blue	淡蓝色
2	Green	绿色	10	Light_Green	淡绿色
3	Cyan	蓝绿色	11	Light_Cyan	淡青色
4	Red	红色	12	Light_Red	淡红色
5	Magenta	品红色	13	Light_Magenta	淡品红色
6	Brown	棕色	14	Yellow	黄色
7	Light_Gray	淡灰色	15	White	白色

2. 扩充色彩

RAPTOR除了上表16种基本色彩外,还提供了227种扩充色彩,其色彩值范围为16～241。每个色彩值对应一种色彩,只是RAPTOR系统对扩充色彩不提供与之关联的色彩名称。

3. 图形颜色设置方法

要对图形轮廓设置颜色或者对图形填充颜色,其方法有四种。

(1) 绘制图形时颜色的使用

用户可以通过给出图形函数中color参数的色彩值或色彩名称使用这些颜色,如对绘制的圆填充为蓝色,以下2种命令是等价的。

$$Draw\_Circle(X,Y,Radius,\textbf{blue},Filled)$$
$$Draw\_Circle(X,Y,Radius,\textbf{1},Filled)$$

(2) 利用Closest_Color()色彩函数

Closest_Color()是一个色彩函数,其语法格式为

$$Closest\_Color(Red,Green,Blue)$$

该函数的返回值为0～241的一个值(RGB颜色模式中最近的匹配色彩值),其中参数Red、Green和Blue的取值范围必须在0～255。如:Closest_Color(40,50,60)表示获得接近红色亮度为40,绿色亮度为50,蓝色亮度为60的色彩。

(3) 利用生成随机色彩函数

Random_Color函数可产生随机颜色,返回0～15的一个随机色彩。如:

$$Draw\_Circle(X,Y,Radius,Random\_Color,Filled)$$

Random_Extended_Color函数返回0～241的随机色。如:

$$Draw\_Circle(X,Y,Radius,Random\_Extended\_Color,Filled)$$

(4) 利用Flood_Fill()函数

Flood_Fill()函数可用于对图形指定区域填充色彩,其语法格式如下:

$$Flood\_Fill(X,Y,Color)$$

该函数用于对在点(X,Y)所属的闭合区域内以Color颜色填充。如8.1.2节图8-7对绘制三角形填充颜色时,确定点(X,Y)只要在三角形范围内(注意不是三角形的边界点)就可以对三角形填充色彩,如图8-8所示将图8-7填充色彩坐标点修改后颜色填充效果相同。

图8-8　修改Flood_Fill()函数点坐标后三角形填充颜色效果

通过对RAPTOR提供图形函数与图形颜色函数的介绍,读者已经基本掌握绘制简单图形和对图形填充颜色的使用,接下来请读者和我们一起绘制"卡通笑脸"图形。

由于该图形涉及的基本图形包括圆形、椭圆、弧、矩形,因此需要使用Draw_Circle()、

Draw_Ellipse()、Draw_Arc()和 Draw_Box() 4 个图形函数实现。利用 Closest_Color()函数对"卡通笑脸"的"帽子顶部"填充色彩,其余图形形状的色彩填充在绘制图形时直接填充,如图 8-9 所示。

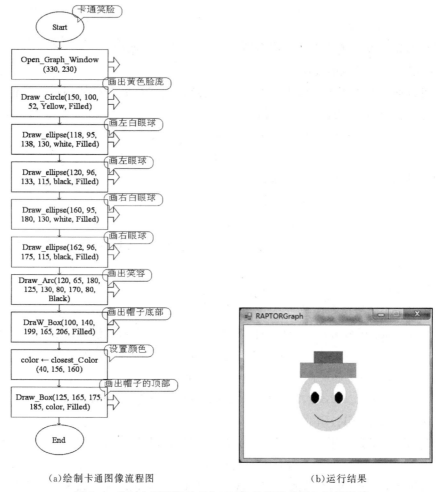

(a)绘制卡通图像流程图　　　　　　　　(b)运行结果

图 8-9　绘制卡通图像的 RAPTOR 示例流程图和运行结果

通过使用 RAPTOR 一系列图形函数一个可爱的"卡通笑脸"展示在读者眼前,是不是很简单? 当然,读者利用这些图形函数加上丰富的想象力,还可以设计出更好更有趣的图形。但细心读者可能会发现,图 8-9 所示与图 8-1 有两处不同:一是图形没有显示文本"cartoons";二是卡通笑脸的"脸"缺少外黑边,如何解决呢? 下面先看如何在 RAPTOR 图形窗口中显示文本。

8.1.4　显示文本

在 RAPTOR 图形窗口中显示文本或数字并不复杂,只需利用 RAPTOR 提供的 3 个函数可以实现文本或数字的显示、文本字体大小的设置、文本颜色的设置,如表 8-3 所示。

表 8-3　文本函数与说明

文本编辑	文本函数及说明
显示文本	Display_Text(X,Y,Text,Color) 在(X,Y)位置上显示 Text 的文本字符串,显示方式从左到右,水平伸展
显示数字	Display_Number(X,Y,Number,Color) 在(X,Y)位置上显示 Number 的数字,显示方式从左到右,水平伸展
设置字体	Set_Font_Size(Size) 设置图形窗口文本字符串字体大小。默认的文本高度为 8 像素,在两行文本行之间的垂直方向默认间距为 12 像素

除此之外,有时还可以利用以上函数将文本字符串与镶嵌在其中的过程变量所代表的值进行结合使用,如:

Display_Text(10,20,"The answer is" + answer,Black)

Display_Text(80,200,"Beautiful Park",Red)

请读者自行将上面例子修改,在图形窗口中显示文本"cartoons"。

 思考:请读者自行思考如何在"卡通笑脸"的脸部加上黑色的外圈?

【例 8-2】 利用 RAPTOR 的图形函数绘制一个小房子,如图 8-10 所示。

图 8-10　绘制小房子

问题分析:从给出图形效果可以看出该图形是由矩形、平行四边形、三角形等几种基本图形构成。要绘制房屋,首先要对房屋分解,它是由 3 个矩形(房屋的正面、门、窗)、2 个平行四边形(房屋的侧面和屋顶)、1 个三角形。其中 3 个矩形使用矩形函数 Draw_Box()实现,由于 RAPTOR 没有专门提供绘制平行四边形和三角形的图形函数,因此 2 个平行四边形和 1 个三角形借助线段函数 Draw_Line()实现。

设定图形窗口大小 450×400。绘制该图形的要点是图形坐标定位,这是成功绘制图形的关键之处,图 8-11 说明本图形的部分关键坐标位置。从设定坐标位置可以看出,画直线段时坐标(X_1、Y_1、X_2、Y_2)存在以下特殊情况:

- 如果 X_1 与 X_2 相等,Y_1 与 Y_2 不相等,则绘制一条竖直线段;
- 如果 Y_1 与 Y_2 相等,X_1 与 X_2 不相等,则绘制一条水平直线段;
- 如果 X_1 与 X_2 相等,Y_1 与 Y_2 也相等,则绘制一个点。

解 RAPTOR 程序的实现,如图 8-12 所示。

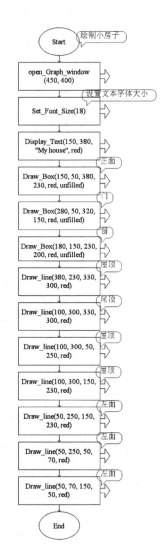

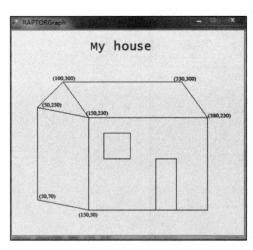

图 8-11　绘制小房子图形坐标位置

图 8-12　绘制小房屋的 RAPTOR 示例流程图

8.2　趣味图形设计

8.2.1　绘制载满货物的货车

【例 8-3】 利用 RAPTOR 图形函数绘制一个载满货物的货车,如图 8-13 所示。

图 8-13 绘制载满货物的货车

问题分析:从给出图形效果可以看出这是一个较为简单的图形应用,该图形主要由圆、矩形、三角形等几种基本图形构成。但在 RAPTOR 中没有专门提供绘制三角形的图形函数,为此需要借助线段函数绘制三条线段,以形成一个三角图形。

绘制这些图形使用的图形函数分别为 Draw_Circle()、Draw_Box()、Draw_Line()。

绘制本题重要点是图形的坐标定位的问题,这是成功绘制图形的关键之处,下面就说明本图形的坐标位置。

(1) 货车两个车轮:从图形构图上看,货车车轮要在一个水平线上,车轮大小要一致,车轮之间要有一定的间距。根据 RAPTOR 图形窗口坐标原点位置为左下角,X 轴方向从左到右数值增大,Y 轴方向从底向上数值增大,因此,两个车轮圆心点可以分别设置为 (230,120) 和 (620,120),车轮半径都为 80,但要注意两个车轮的 X 坐标值要不同且相差一定数值。

(2) 货车车身:这里将车身分为两段矩形图形作为车身,同时要求货车车身要紧靠车轮且要比两个车轮长度要长。由于货车车轮圆心点 Y 轴的坐标为 120,圆半径 80,所以从左向右,绘制第一个矩形的左下角坐标 X_1 和 Y_1 的值为 (100,200)、对角右上角坐标 X_2 和 Y_2 的值为 (500,250),即绘制矩形的长为 500-100=400,宽为 250-200=50。同理,计算第二个矩形的左下角坐标 X_1 和 Y_1 的值为 (520,200)、对角右上角坐标 X_2 和 Y_2 的值为 (750,250),即绘制矩形的长为 750-520=230,宽为 250-200=50。

(3) 货车的货物:货车的货物由一系列圆形和矩形构成,且货物需要紧靠车板,即圆形货物在一个水平线上。因此假设从窗口左边起第 1 个圆形货物的圆心点的坐标 (X,Y) 为 (165,300),圆半径 50,其余圆形货物的圆心点坐标的计算可以采用 $(X+\Delta x,Y)$(这里 Δx 表示圆点的变化量);矩形货物的左下角坐标 X_1 和 Y_1 的值为 (440,250)、对角右上角坐标 X_2 和 Y_2 的值为 (560,340)。

(4) 货车车头:货车车头是一个三角形,由于 RAPTOR 图形函数没有三角形函数,所以需要使用三条线段构成三角形。

主图 main 用于绘制货车;子过程 goods 用于绘制货车上的货物。

    解   RAPTOR 程序的实现,如图 8-14 所示。

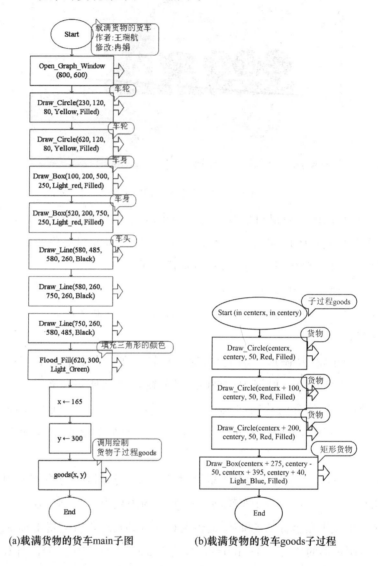

(a)载满货物的货车main子图   (b)载满货物的货车goods子过程

图 8-14 绘制载满货物的货车的 RAPTOR 示例流程图

    从图 8-13 和图 8-14 可以看出,货物图形的绘制是通过调用子过程 goods 实现,调用时传递第 1 个圆形货物的圆点坐标,其余圆形货物和矩形货物都是以该圆点坐标 (X,Y) 作为基准坐标,通过计算 $X+\Delta x$ 和 $Y+\Delta y$ 得到其余货物的坐标值。

    请读者思考一下,如果该货车载货量增加且货物颜色为随机色如图 8-15 所示,如何实现呢? 请读者自行完成。

图 8-15　绘制载满货物量大的货车

8.2.2　绘制机器人

【例 8-4】　利用 RAPTOR 图形函数绘制一个机器人,如图 8-16 所示。

图 8-16　绘制机器人

问题分析:从图中可以看出,该图形是由多个圆、直线、矩形等几种基本图形构成,可以分别利用图形函数 Draw_Circle()、Draw_Box()、Draw_Line()实现。

绘制本题重要点包括图形的坐标定位的问题、对称问题、以及图形叠加顺序问题。下面就说明如何解决这些问题:

(1) 图形叠加顺序问题。虽然基本图形绘制比较简单,但如果处理不好叠加顺序,将无法绘制理想的图形。所以,在绘制图形之前先需要分析该图,确定图形的先后顺序,一般的原则是先画最底层的,再逐步向上画,如先画机器人的头部,然后再画眼睛、鼻子等。

（2）坐标定位问题。绘制任何一个成功图形关键之处都是坐标定位问题。总体思路是先要根据图形窗口设置的像素大小对图形整体定位其高度和宽度,然后将图形每个部位进行拆解定位其坐标位置。

（3）对称问题。从机器人的图片可以看到,整个图片基于 Y 轴对称,利用对称原理作图会给绘制工作带来很大的便利,无需自己计算数值,只需要直接写出算式,RAPTOR 运行时就会自动计算。对称原理为:

坐标系中 (X_1, Y) 关于对称轴 $X = X_0$ 对称的坐标为 $(2X_0 - X_1, Y)$;(X_1, Y_1) 关于对称中心 (X_0, Y_0) 的对称坐标为 $(2X_0 - X_1, 2Y_0 - Y_1)$。如图 8-17 所示。

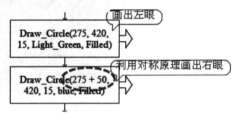

图 8-17　利用对称原理计算坐标位置

解　RAPTOR 程序的实现,如图 8-18 所示。

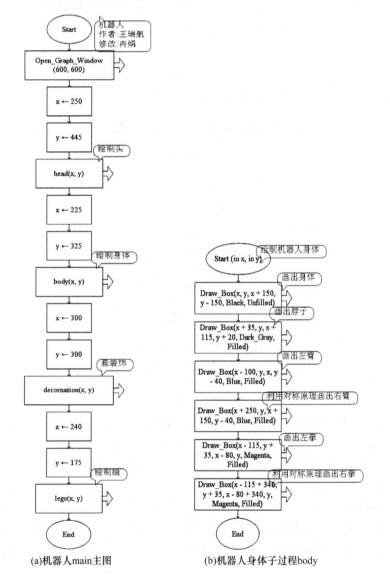

(a)机器人main主图　　　(b)机器人身体子过程body

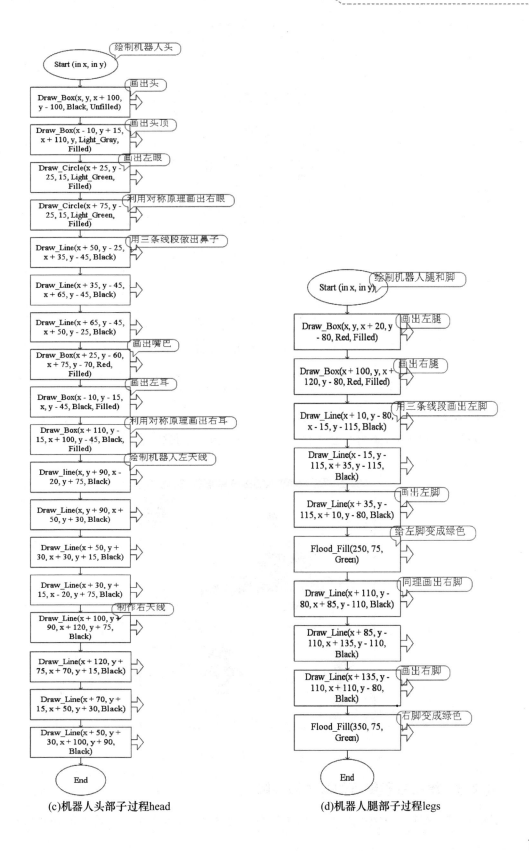

(c)机器人头部子过程head (d)机器人腿部子过程legs

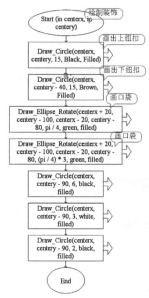

(e)机器人装饰子过程decornation

图 8-18　绘制机器人的 RAPTOR 示例图

 举一反三

请读者仿照上例,绘制如图 8-19 所示的图形,体会图形绘制的要领和关键之处?

图 8-19　美丽家园

8.2.3　绘制色彩随机的最大同心圆

【例 8-5】　在指定大小的窗口上以鼠标单击处为圆心,画一个尽可能大的颜色随机的同心圆,如图 8-20 所示。

图 8-20 色彩随机的最大同心圆

问题分析:要绘制色彩随机的最大同心圆,需要解决同心圆问题、随机上色问题以及最大同心圆问题等。

(1)画同心圆问题。要绘制同心圆就是要控制圆心不变。为了保证程序的灵活性,可以借助单击鼠标的方式对绘制圆的圆心定位,这一点上也体现 RAPTOR 绘图中的视窗交互性。

(2)最大同心圆问题。要绘制一个尽可能大同心圆,就需要考虑对圆的判断是否超出图形窗口边界,只要绘制的圆到达图形窗口的边界,再无法继续绘制圆,此时绘制的圆即为最大同心圆,所以可以采用循环结构的方式解决该问题。

(3)随机上色问题。这个问题在 8.1.3 节中已经介绍过,可以采用随机色彩函数 Random_Color()或 Random_Extended_Color()解决。

解 RAPTOR 程序的实现,如图 8-21 所示。

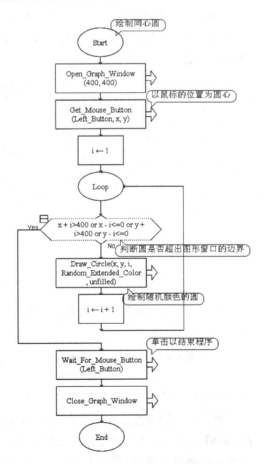

图 8-21 色彩随机的最大同心圆示例流程图

举一反三

请读者仿照上例,能否在一个指定大小图形窗口中绘制 n 行 n 列的随机方块(不能重叠)?

8.3 视窗交互程序设计

视窗交互设计为设计者带来的最大好处就是可以实现人机交互,如 8.2.3 节中例 8-4 借助用户点击鼠标对绘制圆的圆心定位,增强程序的交互性。要在 RAPTOR 中实现用户与图形程序的互动,就需要调用输入交互函数或过程实现。一般情况下,与程序交互方式包括键盘输入交互和鼠标输入交互两种。下面将分别介绍这两种交互方式。

8.3.1 键盘交互

在 RAPTOR 可视化程序设计环境下,利用键盘输入方式与图形窗口交互,其输入方式分为阻塞型输入和非阻塞型输入。其中阻塞型输入是直到用户输入后程序才会继续执行;非阻塞型输入是程序只是获取键盘上输入的当前信息,程序无需暂停继续执行。表 8-4 所示键盘输入函数。

表 8-4　键盘输入函数

类型	操作	键盘输入函数及功能
阻塞型输入	等待击键	Wait_For_Key 程序被暂停,直到用户按下某个键后程序才继续执行
	取得用户输入的字符	variable＜－Get_Key 等待用户按下某个键,并会返回用户所按键的 ASCII 码值
	取得用户输入的字符串	string_var＜－Get_Key_String 等待用户输入一个字符串,并返回用户输入的字符串,若输入为特殊键,则返回键名字符串
非阻塞型输入	判断某个键是否处于按下状态	Key_Down("key") 如果指定键在调用函数 Key_Down 的时候处于按下状态,则返回 true
	检查用户是否击键	Key_Hit 自上次调用 Get_Key 后,如果有键按下,则函数返回值 true,没有键按下,则返回值 false

为了进一步掌握键盘输入函数的使用,通过下面例子体会键盘输入函数的使用。

【例 8-6】　利用阻塞型键盘输入函数实现按钮的选择。

设计 4 个圆形按钮,分别标上数字,并在视窗界面中提示用户使用键盘输入任何一个圆形按钮标识的数字,程序会提示相应的选择信息。如果输入数字超出按钮标识数字范围,程序会提示出错,并提示再次输入。按"Esc"键程序结束。

问题分析:依据题意,用户输入数字范围需要在按钮标识数字范围内,因此就需要对用户输入是否合法进行判断,如果输入合法,则提取用户输入的结果;否则,提示出错,并继续等待用户的正确输入,按"Esc"键程序结束,这是本程序要实现的功能。

解决本题重要点包括四个圆形按钮的绘制问题、判断键盘输入的信息、结束程序交互问题。下面就说明如何解决这些问题。

(1)绘制四个圆形按钮

本题要绘制出同样大小、圆心位置不同且在同一水平线等距的四个圆形按钮,说明 x 坐标不同,y 和 Radius 相同。因此通过获取已打开窗口的高度和宽度的方法计算,从图形窗口左起第 1 个圆形按钮圆心的起始坐标(center x,center y)为(100,125),设置半径为 30,然后利用 Draw_Circle(centerx+i,centery,30,Red,filled)计算其余 3 个圆形按钮的圆心坐标。其中 i 表示从 0 变化到 300。

(2)判断键盘输入的信息

程序要获取用户从键盘上输入的信息,可以采用阻塞型键盘输入函数 string_var<-Get_Key_String,判断从键盘输入的信息是否为按钮标识数字范围,因此利用循环结构方式控制输入信息在按钮标识数字范围。

(3)结束程序交互

为了让用户正常结束程序交互,可以在图形界面的某个区域设置为结束区域并提示用户结束交互的方法。

解　本程序设计由主图和 2 个子过程组成。主图 main 用于调用子程序。子过程 Button 用于实现绘制圆形按钮。子过程 detection 用于判断用户输入是否正确。

RAPTOR 程序的实现,如图 8-22 所示。

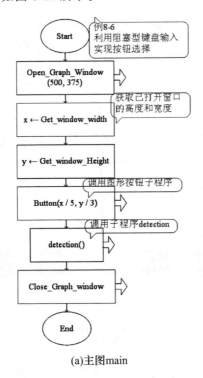

(a)主图main

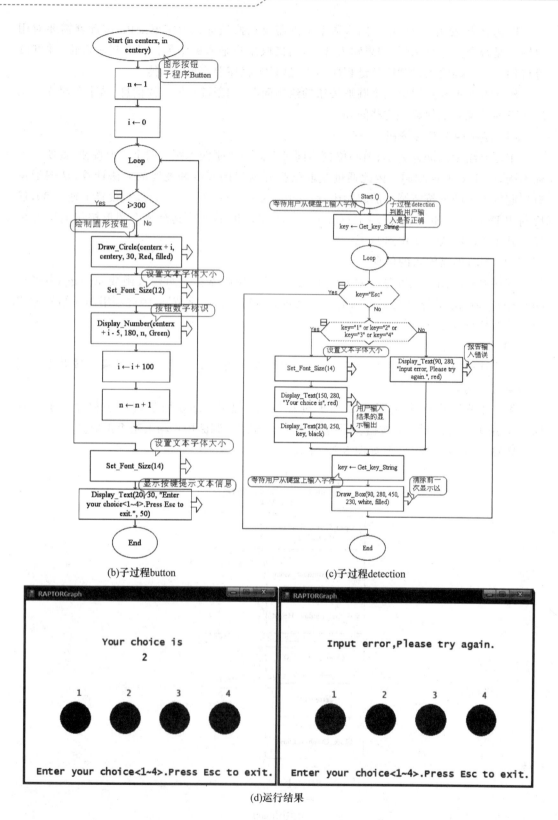

(b)子过程button (c)子过程detection

(d)运行结果

图 8-22　利用阻塞型键盘输入实现按钮选择 RAPTOR 示例流程图和运行效果

8.3.2　鼠标交互

鼠标交互包括确定鼠标指针的当前位置或最近一次鼠标单击时的指针位置,据此可以决定下一步的动作,其输入方式与键盘输入方式相同,也分为阻塞型输入和非阻塞型输入。表 8-5 所示键盘函数。

表 8-5　鼠标函数

类型	操作	鼠标函数及功能
阻塞型输入	等待按下鼠标按钮	Wait_For_Mouse_Button(Which_Button) 等待直到指定的鼠标按钮(Left_Button or Right_Button)按下
	等待按下鼠标按钮并返回鼠标的坐标	Get_Mouse_Button(Which_Button,X,Y) 等待直到指定的鼠标按钮(Left_Button or Right_Button)按下,并返回鼠标的位置坐标
非阻塞型输入	获得鼠标光标位置的 X 坐标值	Get_Mouse_X 返回当前鼠标位置的 X 坐标的一个函数
	获得鼠标光标位置的 Y 坐标值	Get_Mouse_Y 返回当前鼠标位置的 Y 坐标的一个函数
	是否有一个鼠标按钮处于按下状态	Mouse_Button_Down(Which_Button) 如果鼠标按钮处于按下状态,则函数返回 true
	是否有一个鼠标按钮处于按下过	Mouse_Button_Pressed(Which_Button) 如果鼠标按钮自上次调用 Get_Mouse_Button 或 Wait_For_Mouse_Button 后按下过,则函数返回 true
	是否有一个鼠标按钮被释放	Mouse_Button_Released(Which_Button) 如果鼠标按钮自上次调用 Get_Mouse_Button 或 Wait_For_Mouse_Button 后被释放,则函数返回 true

为了进一步掌握键盘输入函数的使用,通过下面例子体会鼠标输入函数的使用。

【例 8-7】　利用阻塞型鼠标输入函数实现按钮的选择。

将例 8-6 修改为用鼠标单击任何一个圆形按钮,程序会提示相应的选择信息。如果单击区域在这 4 个圆形按钮区域之外,程序会提示出错,并提示再次输入。单击"Click here to Exit"区域程序结束。

问题分析:本题与例 8-6 所绘制圆形按钮是相同的,所不同的是需要对鼠标单击坐标位置与圆形按钮区域进行对比,判断用户单击是否为圆形按钮的区域(含圆的边界)。这是本题的重要点,也是解决本题关键之处。

要解决这个问题,可以采用双重循环方式,外层循环判断鼠标单击位置是否为退出区域,内层循环判断鼠标单击位置属于哪个圆形按钮区域。判断鼠标单击位置是否属于圆形区域,可以使用圆的标准方程$(x-a)^2+(y-b)^2=r^2$,因此判断条件可以表达为

$$(x-a)^2+(y-125)^2<=900,(100\leqslant a\leqslant 400)$$

解 本程序设计由主图和 3 个子过程组成。主图 Main 用于调用子程序。子过程 Button 用于对图形窗口初始化和绘制四个圆形按钮,子过程 mouselocation 用于获取鼠标单击的位置,子过程 mousedetection 用于判断用户单击鼠标的位置属于区域。如图 8-23 所示。

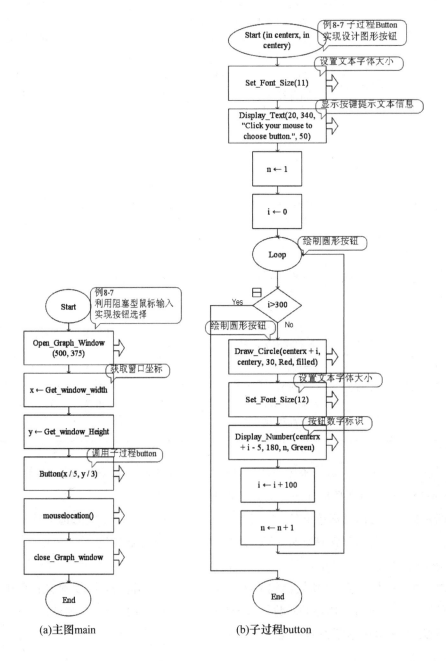

(a)主图main　　　(b)子过程button

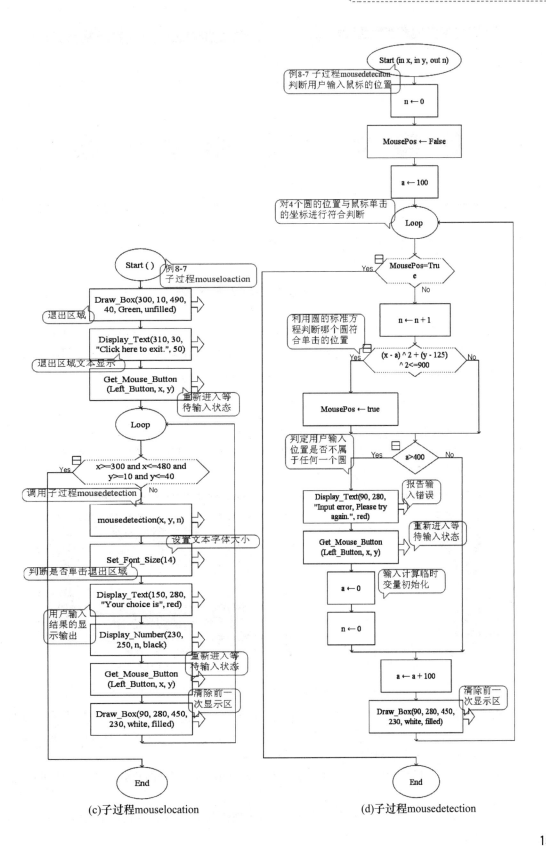

(c)子过程mouselocation

(d)子过程mousedetection

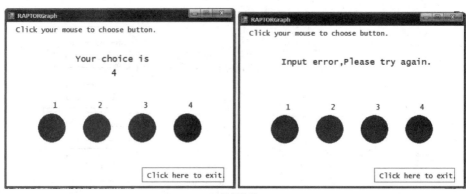

(e)运行结果

图 8-23　利用阻塞型鼠标输入实现按钮选择 RAPTOR 示例流程图和运行效果

8.4　视窗交互应用举例

在实际应用中,键盘和鼠标是实现人机交互的重要手段。本节给出在实际应用中的典型实例,通过这些典型例题的学习和技能训练,可以掌握人机交互的重要方法。要细心体会每道题的解题思路。

8.4.1　图片浏览

【例 8-8】　利用阻塞型键盘输入函数实现图片浏览。

在图形窗口中,通过键盘输入 1～3 中任何一个数字可将窗口左侧相应图片显示在窗口右侧的大区域中,如图 8-24 所示,按"Esc"键程序结束。

(a)初始运行效果

(b)运行中效果

图 8-24　利用阻塞型键盘输入实现图片浏览运行效果

问题分析:要实现本题图片浏览的功能,首先要将图片载入到图形窗口中,然后从键盘上输入 1～3 中任何一个数字就可将窗口左侧相应图片显示在窗口右侧的大区域中。要实现本题需要解决以下几个问题。

(1)图片载入问题。利用 Draw_Bitmap()和 Load_Bitmap()可将图片载入到 RAPTOR 图形窗口。

(2)文本显示问题。利用 Display_Text()函数实现在 RAPTOR 图形窗口中显示文本。

（3）获取键盘上输入的信息。在 RAPTOR 图形程序中,借助 Get_Key_String 从键盘上获取输入的信息。

解 RAPTOR 程序的实现,如图 8-25 所示。

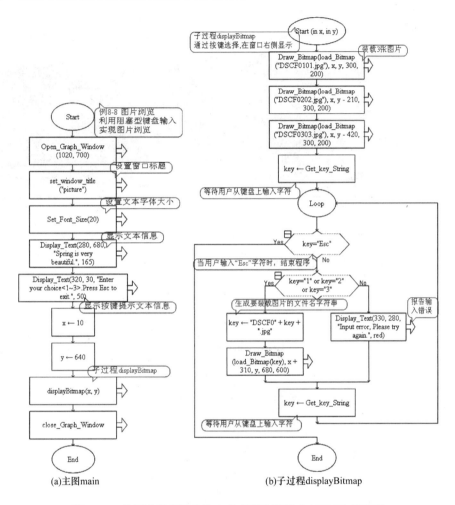

图 8-25 利用阻塞型键盘输入实现图片浏览 RAPTOR 流程图

从本例中可以看到,当程序执行过程中,当遇到 Get_Key_String 键盘输入函数时,将等待用户输入的数字后,程序才继续执行。如果例 8-8 修改为利用非阻塞型键盘输入函数实现图片浏览,如何实现呢?

【例 8-9】 利用非阻塞型键盘输入函数实现图片浏览。

在图形窗口的右侧有一组循环显示的图片,用户通过按"Enter"键每次选取 1 张图片,共选取 3 张(允许重复选择已经选取过的图片),并将选取的图片显示在窗口的左侧,如图 8-26 所示。

问题分析:本题与例 8-8 的区别在于:程序运行过程中,如果没有键盘按下,则循环显示候选图片。如果有按键"Enter"就取出一张图片,直到取出 3 张图片后,程序结束。要实现该功能需要解决图片循环显示问题、是否有按键按下、按键是否为"Enter"键等问题。

（1）图片循环显示问题。可以利用重复获取候选图片文件名方式,使得候选图片循环播放;

（2）是否有按键按下问题。可以利用非阻塞型键盘输入函数 Key_Hit 作为循环条件判

断,如果有按键按下,就结束循环,否则候选图片继续循环;

(3)按键是否为"Enter"键问题。可以利用阻塞型键盘输入函数 Get_Key_String 获取用户输入的"Enter"键字符串,如果是"Enter"键,则所选图片在窗口左侧位置显示,否则候选图片继续循环显示。

(a)初始运行效果 (b)运行中效果

图 8-26 利用非阻塞型键盘输入实现图片浏览运行效果

解 RAPTOR 程序的实现,如图 8-27 所示。

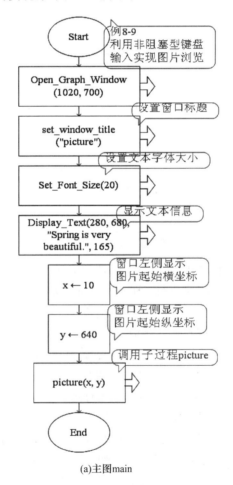

(a)主图 main

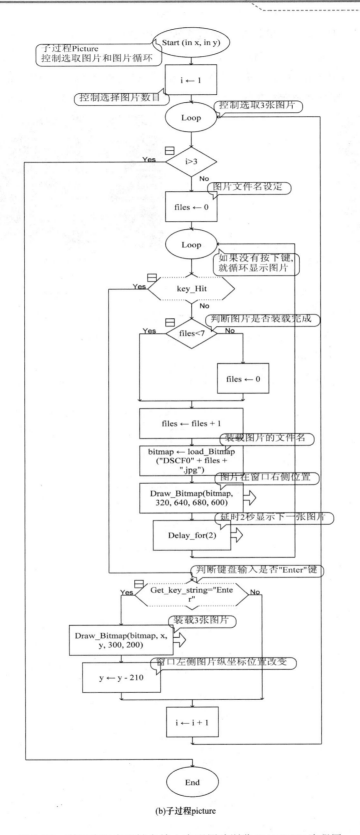

(b)子过程picture

图 8-27　利用非阻塞型键盘输入实现图片浏览 RAPTOR 流程图

【例 8-10】 利用阻塞型鼠标输入函数实现图片浏览。

在图形窗口中,通过鼠标左键单击图形右侧任意 3 张小图片,该图片将以大图片的方式显示在窗口右侧,单击指定的区域则程序运行结束,最终的运行结果示例如图 8-28 所示。

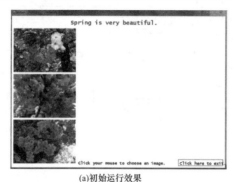

(a)初始运行效果

(b)运行中效果

图 8-28　利用阻塞型鼠标输入实现图片浏览运行效果

问题分析:利用阻塞型鼠标输入函数实现图片浏览与键盘输入不同在于,只要鼠标左键单击的范围为选取图片范围即可将该图片以大图片方式在窗口右侧显示,因此只要对每个鼠标选取的范围进行判断。

解　RAPTOR 程序的实现,如图 8-29 所示。

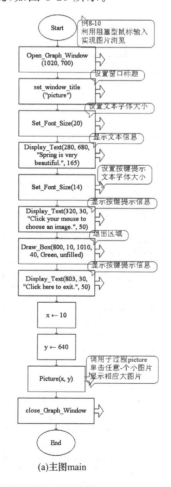

(a)主图main

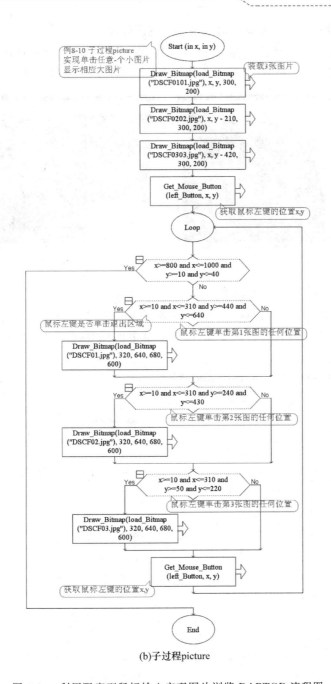

(b)子过程picture

图 8-29 利用阻塞型鼠标输入实现图片浏览 RAPTOR 流程图

💡 **思考**:请读者思考,上面的例题当鼠标单击区域不在 3 张小图片区域内,如何提示用户呢? 程序如何修改呢?

【例 8-11】 利用非阻塞型鼠标输入函数实现图片浏览。

在图形窗口的右侧有一组循环显示的图片,用户通过单击鼠标左键每次选取 1 张图片,共选取 3 张(允许重复选择已经选取过的图片),并将选取的图片显示在窗口的左侧,如图 8-30 所示。

(a)初始运行效果   (b)运行中效果

图 8-30 利用非阻塞型鼠标输入实现图片浏览运行效果

问题分析:利用非阻塞型鼠标输入函数实现图片浏览,需要注意的是当单击鼠标左键选取图片时需要获取单击鼠标左键的坐标,以判断单击鼠标左键范围是否为大图片区域。这是本题的核心部分。

解 RAPTOR 程序的实现,如图 8-31 所示。

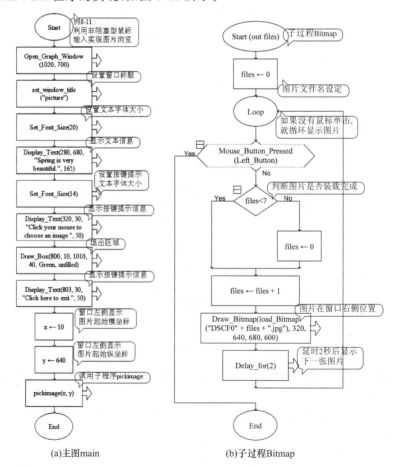

(a)主图main   (b)子过程Bitmap

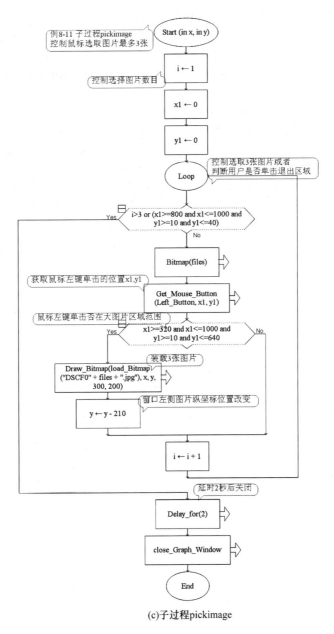

(c)子过程pickimage

图 8-31 利用非阻塞型鼠标输入实现图片浏览 RAPTOR 流程图

8.4.2 规划路线图

【例 8-12】 规划路线图。

星期天,小明要到图书馆查找资料。从小明家到图书馆途经 4 个不同地方,请你帮助小明设计从家到图书馆的路线图,如图 8-32 所示。

问题分析:依据题意,该路线的起始点和终止点分别为小明家和图书馆,途经的 4 个不同地方不确定。本题解决要点包括:一是需要用户在图形界面上单击鼠标确定途经的 4 个不同地方;二是将用户单击的地方用圆点标记;三是从起始点开始到终止点为止,根据用户单击圆点的先后顺序将各点连接,以形式一条从家到图书馆的路线。

因此,设定起始点的圆点标记中任意圆内坐标为(161,288),终止点的圆点标记中任意圆内坐标为(622,390),用户确定的 4 个圆点标记使用 Draw_Circle()函数绘制,并将用户单击鼠标的位置作为圆点标记的圆心坐标(x,y),使用 Draw_Line()函数将各点连接。

(a)初始运行效果   (b)运行中效果

图 8-32　路线图运行效果

解　RAPTOR 程序的实现,如图 8-33 所示。

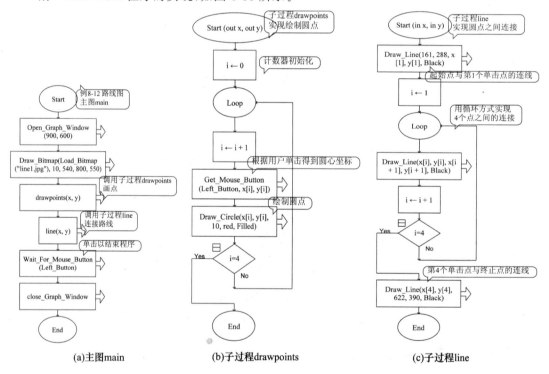

(a)主图main　　　(b)子过程drawpoints　　　(c)子过程line

图 8-33　路线图 RAPTOR 流程图

本 章 小 结

图形程序设计与视窗交互是可视化编程的基础。本章首先介绍了在 RAPTOR 中图形窗口的创建、基本图形函数的用法,并结合有趣的图形设计案例为读者开启了编写图形程序的大门;其次介绍了 RAPTOR 中视窗环境有关键盘和鼠标的函数,并结合案例讲解视窗环境下人机交互的方法,为读者独立编写图形程序提供了借鉴。

图形程序设计与视窗交互是 RAPTOR 程序设计的精华所在,它与其他程序设计语言的最大区别在于:编程者不需具备很多的编程规则和技巧,就能编写出丰富多彩的图形程序。更重要的是,图形编程也是进行计算思维训练的重要和基本过程,读者可以结合这些图形指令,充分发挥想象,设计出自己的作品。

习　题

1. 为自己设计一个姓名图章。
2. 以图 8-34 为样例,绘制简单图形。

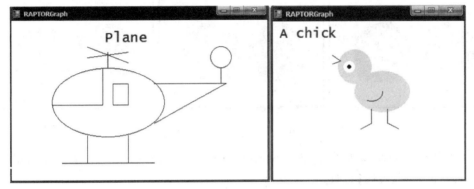

图 8-34　简单图形样本

3. 设计自己喜爱图形。
4. 以图 8-35 为样例,在图形窗口任意位置上绘制 20 个任意大小和色彩的矩形、圆和椭圆。

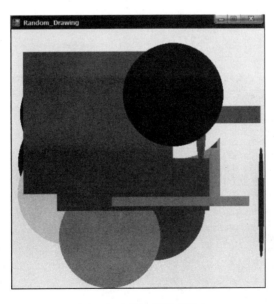

图 8-35　随机绘制图形样本

【提示】：这里"任意位置"是指随机产生图形坐标位置；"任意色彩"是指随机产生色彩；"任意大小"是指根据随机产生的图形坐标不同，图形大小也就不同。

5. 以图 8-36 为样例，利用 RAPTOR 编写程序，实现在图形窗口中，单击屏幕的"开始"按钮，屏幕显示提示"Let's begin!"，单击"结束"按钮，屏幕显示"Game is over!"，如果单击屏幕上的其他地方，则显示"Out of range!"。

【提示】 "开始"和"结束"按钮可以借助图片装载功能实现。

图 8-36 鼠标响应样本

6. 利用 RAPTOR 编写程序，能够模拟游戏中对卡通人物的换装，如通过单击鼠标，选择自己喜欢的发型、容貌、衣服。

【提示】 题目中的"卡通人物""发型""容貌""衣服"都可以借助图片装载功能实现。

第9章 基本算法设计

通过前 8 章学习,相信读者对 RAPTOR 程序设计已经有了较为深入的理解。但是程序的设计离不开算法,算法是程序设计的基础。本章主要介绍枚举、递推和递归三种常用的算法。

本章学习目标:

通过本章学习,你将能够:

☑ 掌握枚举、递推和递归算法的基本思想;

☑ 熟练运用枚举、递推和递归算法设计程序,解决实际问题。

9.1 枚 举 算 法

枚举法是计算机求解问题最常用的方法之一,也是最简单、最直接的统计计数方法。在前面第 5 章中向读者介绍了利用枚举算法求解不定方程,本节将详细向读者介绍枚举算法的应用。

9.1.1 枚举概述

1. 枚举的概念

枚举法又称为穷举法、列举法,其基本思想是逐一列出该问题可能涉及的所有情形,并根据问题的条件对各解进行逐个检验,从中挑选出符合条件的解,舍弃不符合条件的解。例如,求 1～100 能被 3 整除的所有整数,需要对 1～100 的所有整数一一列举,逐一判断是否能被 3 整除。

枚举法的特点是算法设计比较简单,只需要一一列举问题涉及的所有情形,一般规模的许多实际应用问题都可以使用枚举法求解。使用枚举法时应注意对问题涉及的所有情形都要一一列举,既不能重复,也不能遗漏。重复列举会造成增解,列举遗漏会导致解的遗漏。

2. 利用枚举法求解问题的步骤

应用枚举法对问题求解时,通常分以下几个步骤:

(1)确定枚举对象,根据问题的实际情况,确定哪个量为枚举对象;

(2)确定枚举范围,根据问题的实际情况,确定枚举对象的枚举范围,设计枚举循环;

(3)确定筛选条件,根据问题要求,确定对解的筛选条件;

(4)设计枚举程序,运行和调试,对结果进行分析、讨论。

枚举法通常使用循环结构实现,在循环体中,根据求解的具体条件,应用选择结构进行筛选,确定问题的解。

枚举法对一般规模的问题都能在较短的时间内对其求解,但对于规模较大的问题,枚举的工作量相应较大,程序运行的时间相应较长。这就需要根据问题的具体情况分析,找出规律,精简枚举循环,优化枚举策略。

9.1.2 枚举算法应用举例

【例 9-1】 涂抹单据问题。

一张单据上有一个 5 位数组成的编号，万位数是 1，百位数是 8，个位数是 9，千位数和十位数已经变得模糊不清。但知道这个 5 位数是 67 和 59 的倍数。请找出所有满足这些条件的 5 位数并输出。

问题分析：依据题意，设变量 number 表示这个 5 位数，其千位数字用变量 thousands 表示，十位数字用变量 tens 表示，则 number＝10809＋thousands * 1000＋tens * 10。要对这个数字的千位数字和十位数字求解，需要对 thousands 和 tens 两个变量实施枚举，确定枚举范围为 $0 \leqslant$ thousands $\leqslant 9, 0 \leqslant$ tens $\leqslant 9$。

枚举对象的筛选条件为（number mod 67＝0）and（number mod 59＝0）。若枚举变量 tens 和 thousands 的值满足该条件，则是该问题的一组解。

该问题涉及 thousands、tens 两个变量的枚举，需要使用二重循环结构实现。其算法可以表示如下。

Step 1：对枚举变量 thousands 赋初值为 0；

Step 2：判断 thousands＞9 是否成立，若成立，则程序运行结束，否则转去执行 Step 3；

Step 3：对枚举变量 tens 赋初值为 0；

Step 4：判断 tens＞9 是否成立，若成立，则转去执行 Step 7，否则转去执行 Step 5；

Step 5：计算单据编号 number 的值 number←10809＋ thousands * 1000＋tens * 10，如果（number mod 67＝0 ）and（number mod 59＝0），则输出这个 5 位数；

Step 6：取枚举变量 tens 的下一个值 tens←tens＋1，转去执行 Step 5；

Step 7：取枚举变量 thousands 的下一个值 thousands←thousands＋1，返回 Step 4。

解 RAPTOR 程序的实现，如图 9-1 所示。

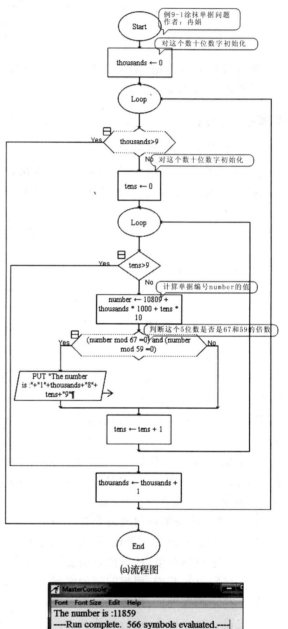

(a)流程图

(b)运行结果

图 9-1 求涂抹单据问题的 RAPTOR 示例流程图和运行结果

💡 **思考**:请读者思考,如果单据上模糊两位数的是百位数和十位数,即相邻的两位数,该如何解决呢?

【例 9-2】 鸡兔同笼问题。

一个笼子里关了鸡和兔子(鸡有 2 只脚,兔子有 4 只脚,没有例外)。已知鸡和兔子的总数量为 19,总腿数为 44。请问鸡和兔子的数目分别是多少?

问题分析:这道题目很显然可以用枚举法来解答,枚举对象为鸡、兔的数量,将它们分别设为 chick、rabbit。下面就要确定枚举对象的枚举范围和筛选条件。

依据题意,鸡、兔的数量均小于 19,即 chick、rabbit 的枚举范围均为 0~19。枚举对象应同时满足以下两个筛选条件:

① 鸡和兔的总数量为 19;

② 鸡和兔的总腿数为 44。

则上述用关系表达式表示如下:

$$(chick + rabbit = 19) \text{ and } (2 * chick + 4 * rabbit = 44)$$

该问题涉及 chick、rabbit 两个变量的枚举,需要使用二重循环实现。其算法表示如下。

Step 1:对枚举变量 chick 赋初值 chick←0;

Step 2:判断 chick>19 是否成立,如果不成立,则转去执行 Step 3,否则程序运行结束;

Step 3:对枚举变量 rabbit 赋初值 rabbit←0;

Step 4:判断 rabbit>19 是否成立,如果不成立,则转去执行 Step 5,否则,转去执行 Step 7;

Step 5:判断枚举变量 chick、rabbit 的取值是否满足筛选条件,若满足则输出 chick、rabbit 的值,否则执行 Step 6;

Step 6:取枚举变量 rabbit 的下一个值 rabbit←rabbit+1,转去执行 Step 4;

Step 7:取枚举变量 chick 的下一个值 chick←chick+1,转去执行 Step 2。

解 RAPTOR 程序实现,如图 9-2 所示。

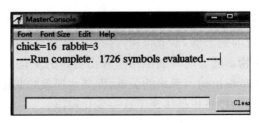

(b)运行结果

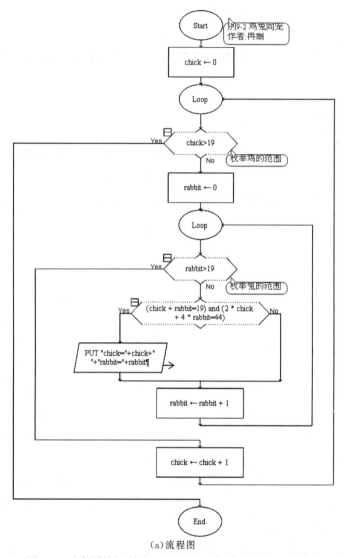

（a）流程图

图 9-2　鸡兔同笼问题的 RAPTOR 示例流程图和运行结果

9.2　递推算法

递推算法也是计算机中应用较为广泛的一种方法，在前面第 5 章中已经简单向读者介绍了如何利用递推算法对问题求解，本节将深入探讨递推算法的应用。

在自然界中，所有事物都随着时间的推移呈现出微妙的变化。许多现象的变化是有规律可循的，这种规律往往呈现出前因后果的关系，即某些现象的变化和紧靠它前面的一个或一些结果密切相关。递推的思想正是体现了这一变化规律。

9.2.1　递推概述

1．递推算法

递推方法是一种简便高效的常见数学方法，它是利用问题本身所具有的一种递推关系求解问题的方法。为了方便读者理解递推,先看一个简单的例子。

【例 9-3】 已知一个数列 $2,4,8,16,\cdots$,求该数列到第 10 项为止数列各项的值。

问题分析:这是一个对数列求解问题。看到该数列,首先应考虑以下两个问题:一是该数列有什么规律?二是如何根据给出项求出第 10 项?

通过观察数列规律,可以得到该数列是一个等比数列,数列中每一项是前一项的 2 倍,记第 k 项为 a_k,则递推式为 $a_k=a_{k-1}\times2$。又已知第一项 $a_1=2$,则可以递推计算 $a_2,a_3,\cdots,a_{10}$。

设 a_k 表示数列中第 k 项的数值,则 $a_1=2$ 是初始条件,$a_k=a_{k-1}\times2$ 是递推关系式。其算法表示如下。

Step 1:初始化数列第 1 项 $a_1=2$ 和待求数列项数 $k=1$;

Step 2:判断 $k>10$ 是否成立,如果成立,则执行 Step 5,否则转去执行 Step 3;

Step 3:依据递推式 $a_k=a_{k-1}\times2$ 计算 a_k;

Step 4:$k\leftarrow k+1$,转去执行 Step 2;

Step 5:输出该数列各项的值。

解　RAPTOR 程序的实现,如图 9-3 所示。

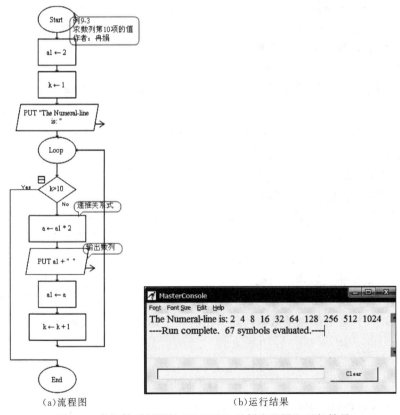

(a)流程图　　　　　　　　(b)运行结果

图 9-3　求解数列问题的 RAPTOR 示例流程图和运行结果

从本例题中可以看出,利用相邻数据项之间的递推关系求解出该数列的各个项值。

因此,所谓递推就是从已知的初始条件出发,利用某种递推关系,依次求得所要求的中间结果和最终结果。其中,初始条件已经给定,或是通过问题的分析可以确定。递推关系式可表示为

$$a_n = c_1 a_{n-1} + c_2 a_{n-2} + \cdots + c_k a_{n-k} + f(n)$$

其中,当 $f(n)=0$ 时递推式是齐次的,即递推是指在命题归纳时,可以由 $n-k, n-(k-1), \cdots, n-1$ 的情形推得 n 的情形。

递推方法正是利用问题本身所具有的递推关系进行求解的一种方法,利用递推方法求解问题的关键是确定问题的递推关系,即相邻数据项之间的关系。

2. 递推求解步骤

在设计递推算法前,需要细心观察,反复尝试,总结归纳问题存在的内在规律,然后将规律抽象成数学模型。

递推求解通常需要以下 4 个步骤:

(1) 确定递推变量。根据具体问题分析将哪个变量作为递推变量。

(2) 建立递推关系。分析变量的前后项之间的关系,建立递推关系。递推关系是递推求解问题的关键,有的问题中递推关系没有明确给出,需要根据问题实际进行分析才可得到。

(3) 确定初始(边界)条件,即确定递推变量的初始(边界)值。

(4) 对递推过程进行控制。递推不能无休止地执行下去,当满足什么条件时递推结束,这是递推必然要考虑的问题。

递推通常使用循环来实现,在循环体外设定递推变量的初始(边界)条件,在循环体中进行递推,当满足结束条件时递推结束。

3. 递推方式

利用递推方法对问题求解,通常分为顺推和逆推两种,下面分别给出算法框架。

(1) 顺推算法

顺推是从前向后推,利用已知或已求得的第 $1, 2, \cdots, i-1$ 项的解,推出第 i 项的解,直到求得第 n 项的解。其算法步骤如下。

Step 1:设定问题规模为 $1, 2, \cdots, i-1$ 的初始值,问题规模变量 k 初始为 i;

Step 2:利用递推关系推出规模为 k 的解;

Step 3:如果 $k < n$,则 k 递增,转 Step 2;否则,输出规模为 n 的解。

如例 9-3 就是一个典型顺推问题,从已知的初始条件出发,按照递推关系式一步一步地推出最终结果的方法。下面请读者再看一个典型顺推问题。

【例 9-4】 斐波那契数列的问题。

斐波那契数列(Fibonacci sequence)是由意大利的著名数学家列昂纳多·斐波那契在《算盘书》中提出的,是借助兔子繁殖问题引出的一个递推数列。斐波那契数列定义如下:

$$F(n) = \begin{cases} 1 & , \quad n=1 \\ 1 & , \quad n=2 \\ F(n-1)+F(n-2), & \quad n>2 \end{cases}$$

试求斐波那契数列的前 n 项(n 从键盘输入)。

问题分析:数列的递推关系 $F(n)=F(n-1)+F(n-2)$ 已给出,$F(n)$ 为递推变量。由于数列的第 1 项和第 2 项均已知,因此可以按照顺推的方式计算出第 3 项、第 4 项、……,直到第 n 项。该计算过程可以用一重循环实现。为了保存数列的每一项,本题利用数组求解 Fibonacci 数列的前 n 项。其算法表示如下。

Step 1:输入 n 的值;

Step 2:为数列的前两项赋值 $a[1]\leftarrow1,a[2]\leftarrow1$;

Step 3:待求数列的项数赋值 $k\leftarrow3$;

Step 4:判断 $k>n$ 是否成立,如果成立,则程序结束,否则转去执行 Step 5;

Step 5:利用递推关系计算数列第 k 项 $a[k]\leftarrow a[k-1]+a[k-2]$;

Step 6:$k\leftarrow k+1$ 转 Step 4。

解 RAPTOR 程序的实现,如图 9-4 所示。

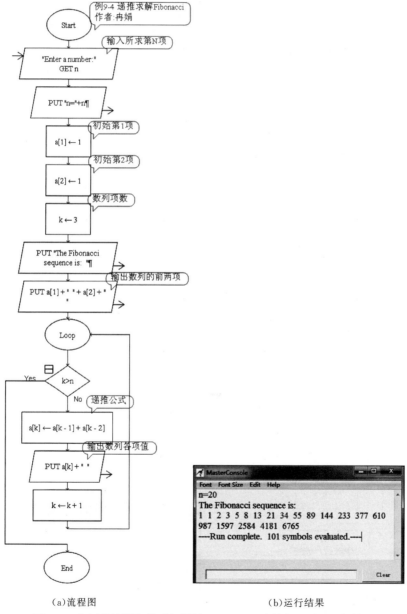

(a)流程图　　　　　　　　　　(b)运行结果

图 9-4 求解斐波那契数列问题的 RAPTOR 示例流程图和运行结果

(2)逆推算法

逆推就是从后向前推,利用已知或已求得的第 $n,n-1,\cdots,i+1$ 项的解,推出第 i 项的解，直到求得第 1 项的解。其算法步骤如下。

Step 1：设定问题规模为 $n,n-1,\cdots,i+1$ 的初始值，问题规模变量 k 初始为 i；

Step 2：利用递推关系推出规模为 k 的解；

Step 3：如果 $k>1$，则 k 递减，转 Step 2；否则，输出规模为 1 的解。

【例 9-5】 乘客人数的问题。

一辆公交车共 6 站，从第一站发车时车上已有 n 位乘客，到第二站先下了一半乘客，然后又上来 4 位乘客；到第三站也先下了一半乘客，又上来 3 位乘客，以后每到一站都先下去车上一半的乘客，然后又上来比前一站所上乘客少一个的乘客，……，到了终点站车上还有 4 人，问发车时车上的乘客有多少？

问题分析：首先确定递推关系。由题意知第 n 站新上来的乘客有 $6-n$ 个。记 passenger 为第 n 站最终的乘客数，则 passenger$-(6-n)$ 恰好为第 $n-1$ 站最终乘客数的一半，由此，得到递推关系式：

$$\text{passenger}_{i-1}=2*(\text{passenger}_i-(6-n))$$

已知终点站车上乘客数为 4，因此，得到该问题的边界条件 passenger$=4$。其算法表示如下。

Step 1：分别对乘客人数变量 passenger 和车站编号变量 n 初始赋值为 4 和 5；

Step 2：判断 $n<1$ 是否成立，如果成立，则程序结束；否则，转去执行 Step 3；

Step 3：计算第 n 站最终乘客数 passenger$\leftarrow 2*(\text{passenger}-(6-n))$；

Step 4：修改车站编号变量 $n-1$，转 Step 2。

解 RAPTOR 程序的实现，如图 9-5 所示。

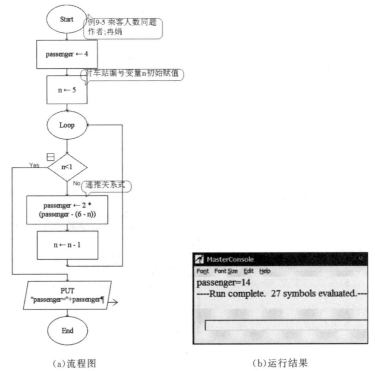

(a)流程图　　　　　　　　(b)运行结果

图 9-5　求乘客人数问题的 RAPTOR 示例流程图和运行结果

9.2.2 递推算法应用举例

递推算法是利用问题本身所具有的一种递推关系式求解问题的一种方法,也是在实际应用中求解问题的一种方法。本节给出了在实际应用中的典型实例,通过这些实例的学习,可以掌握和理解递推算法的应用,读者要细心体会每道题目的解题思路和技巧。

【例 9-6】 正方形孔数问题。

将一张正方形纸片由下往上对折,然后再由左向右对折,称为完成一个操作。现有 n 张纸,并且为每张纸从 1 到 n 顺次编号,对第 1 张纸按上述操作完成 1 次,对第 2 张纸按上述操作完成 2 次,……,对第 n 张纸按上述操作完成 n 次。然后将每张纸剪去所得正方形的左下角,那么,将每张纸展开后,分别有多少个小孔?

问题分析:这是一个典型的顺推例题。

当第一张纸完成一个操作后,纸张层数变为 4,若剪去所得正方形的左下角,展开后只有 1 个孔,这个孔恰好是大正方形的中心。

第二张纸完成两次操作后,纸张层数变为 4^2,若剪去所得正方形的左下角,展开后大正方形有 4 个孔。

第三张纸完成三次操作后,纸张层数变为 4^3,若剪去所得正方形的左下角,展开后大正方形有 4^2 个孔。

……

按上述规律递推下去,第 i 张纸完成 i 次操作后,纸张层数变为 4^i,若剪去所得正方形的左下角,展开后大正方形有 $4^{(i-1)}$ 个孔。如果记第 i 张纸得到的孔数为 x_i,则推导递推关系式 $x_i = 4 * x_{i-1}$。由于 $i=1$ 时,得到的孔数为 1,因此,初始条件为 $x_1 = 1$。其算法表示如下。

Step 1:为第 1 张纸得到的孔数赋值 $x \leftarrow 1$;

Step 2:输入纸张数量 n;

Step 3:为循环变量 i 赋值 $i \leftarrow 2$;

Step 4:判断 $i > n$ 是否成立,如果成立,则程序运行结束;否则,转去执行 Step 5;

Step 5:计算第 i 张纸得到的孔数 $x \leftarrow 4 * x$,并输出;

Step 6:$i \leftarrow i+1$,转 Step 4。

解 RAPTOR 程序的实现,如图 9-6 所示。

【例 9-7】 猴子爬山问题。

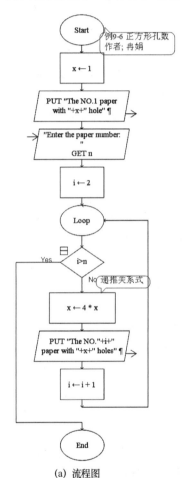

(a) 流程图

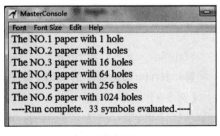

(b) 运行结果

图 9-6 正方形孔数问题的 RAPTOR 示例流程图和运行结果

一只顽皮的猴子在一座有 20 级台阶的山上爬山跳跃,猴子每步可跳跃 1 级或 4 级台阶,试求猴子爬上 20 级台阶有多少种不同的爬法。

问题分析:前面第 5 章例 5-14 曾经介绍过楼梯走法问题,且依据题意推导得到一个斐波那契数列,那么本题是否也可以得到一个斐波那契数列,请读者和我们一起来分析该题,并体会推导的过程。

本题是一个典型的顺推问题。如果设 k 级台阶的不同爬法共 $f(k)$ 种,那么爬上 20 级台阶共 $f(20)$ 种不同的爬法。猴子爬上第 20 级台阶之前在哪一级呢?可能是位于第 19 级台阶(共 $f(19)$ 种不同的爬法),跳 1 级台阶即可完成上山,或位于第 16 级台阶(共 $f(16)$ 种不同的爬法),跳 4 级台阶即可完成上山。因此,$f(20) = f(19) + f(16)$。依此类推,得到递推关系式:

$$f(k) = f(k-1) + f(k-4), k > 4$$

当台阶数小于 4 时,只有一种爬法,即 $f(1) = 1$;当有 4 级台阶时,有两种爬法,即 $f(4) = 2$。

爬上 20 级台阶的不同爬法的数列为 1,1,1,2,3,4,5,7,10,14,19,26,…,由此可见,本题推导得到不是一个斐波那契数列。该数列初始条件:

$$f(1) = 1, f(2) = 1, f(3) = 1, f(4) = 2$$

为方便保存递推得到的中间项的结果,利用一维数组保存数据。其算法表示如下。

Step 1:对数列初始条件赋值 $f[1] \leftarrow 1$,$f[2] \leftarrow 1$,$f[3] \leftarrow 1$,$f[4] \leftarrow 2$;

Step 2:对循环变量 k 赋值为 5;

Step 3:判断 $k > 20$ 是否成立,如果成立,则输出 20 级台阶的爬法总数,即 $f[20]$ 的值,否则转去执行 Step 4;

Step 4:利用递推关系求解 $f[k] \leftarrow f[k-1] + f[k-4]$;

Step 5:$k \leftarrow k+1$,转 Step 3。

解 RAPTOR 程序的实现,如图 9-7 所示。

【例 9-8】 读书问题。

小红读书,第一天读了全书的一半加 2 页,第二天读了剩下的一半加 2 页,以后天天如此……,第六天读完了最后的 3 页,问全书有多少页?

问题分析:首先确定递推关系。记 a_i 为第 i 天读书前剩余的页数,由题意得知,$a_i = (a_{i+1} + 2) * 2$。

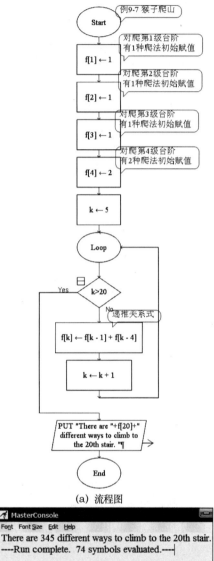

(a) 流程图

(b) 运行结果

图 9-7 猴子爬山问题的 RAPTOR 示例流程图和运行结果

由于第六天读完最后的三页,也就是第六天读书前剩余 3 页,即 $a_6=3$,由此确定了问题的边界条件。

依据题意,全书总页数恰好为第一天读书前的页数,即 a_1,为此,需要使用逆推的方法求解。其算法表示如下。

Step 1:对书的页数赋初值为3,即 $a \leftarrow 3$;

Step 2:循环变量赋初值 $i \leftarrow 5$;

Step 3:判断 $i<1$ 是否成立,如果成立,则转去执行 Step 6,否则执行 Step 4;

Step 4:依据递推关系计算第 $i-1$ 天读书前的剩余页数,$a \leftarrow (a+2)*2$;

Step 5:$i \leftarrow i-1$,转 Step 3;

Step 6:输出全书总页数 a,算法结束。

解 RAPTOR 程序的实现,如图 9-8 所示。

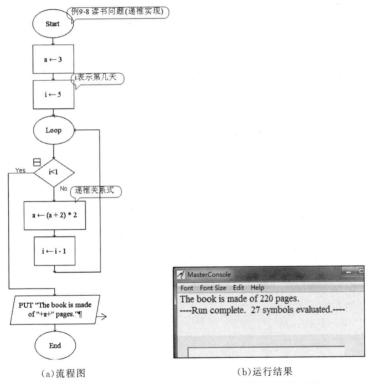

| (a)流程图 | (b)运行结果 |

图 9-8 读书问题的 RAPTOR 示例流程图和运行结果

9.3 递 归 算 法

递归也是算法设计中一种常用的基本算法。递归算法是通过函数(或过程)直接或间接调用自身,把原问题转化为规模缩小了的同类子问题。递归使算法的描述简洁且容易理解,是许多复杂算法的基础。

9.3.1 递归概述

1. 递归概念

递归是一个函数(或过程)在其定义中直接或间接调用自身的一种方法,它通常将一个规模较大的问题转化为规模较小的同类问题,在逐步求解小问题后再回溯得到原问题的解。如计算 $n!$,一般将 $n!$ 描述成为:$n!=1×2×3×\cdots×(n-1)×n$,实际上 $n!$ 还可以描述为:$n!=n×(n-1)×\cdots×3×2×1$,而该式可以写成:$n!=n×(n-1)!$,这样,一个整数的阶乘就被描述成为一个规模较小整数的阶乘与一个数的积,所以为求解 $n!$ 就要先求 $(n-1)!$,而要求 $(n-1)!$ 则要先求出 $(n-2)!$……最终问题变成求 $1!$,这时问题变得很简单,可以直接给出答案 $1!=1$,然后再将该结果逐步返回,最后得到 $n!$ 的结果。

2. 递归算法解决问题的步骤

在现实世界中有的问题的结构或所处理的数据本身是递归定义的,这样的问题非常适合用递归算法来求解。所以,用递归算法解决问题必须包括两部分:一是递归的结束条件;二是求解问题的递归方式。

【例 9-9】 用递归法求 $n!$。

问题分析:由上面的说明,用递归法解决该问题分为以下几个步骤。

① 确立递归关系式

根据上面分析,求 $n!=n*(n-1)!$,将 $n!$ 转化为求解子问题 $(n-1)!$,建立了原问题和子问题之间的递归关系。

② 确定边界条件

当 $n=1$ 时,$n!=1$。这就是边界条件,对于任何给定的 n,只需要递归求解到 $1!$。

③ 编写递归子程序

解 RAPTOR 程序的实现,如图 9-9 所示。

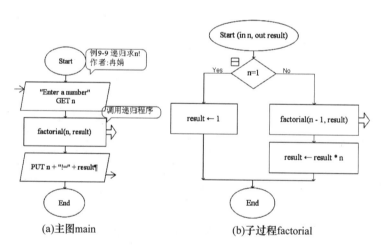

图 9-9 求 $n!$ 的 RAPTOR 示例流程图

3. 递归算法执行过程

从本例可以看出,用递归求解 $n!$ 时程序分为主图 main 和子过程 factorial。主图 main 用于输入数据、调用子过程和输出结果,子过程 factorial 中流程图中有还含有一个本身子过程 factorial。

以 $n=5$ 为例,递归算法执行过程分递归调用阶段和递归返回阶段,在递归调用阶段,主图 main 调用 factorial 子过程,并将 n 进行参数传递,子过程 factorial(5) 又继续调用 factorial(4) 子过程,并再次将 n 进行参数传递,依次调用,至调用到 factorial(1),如图 9-10(a)~(b)所示,在 factorial(1)结束递归调用,result 的结果为 1,然后将 1 返回到上一层子过程 factorial(2),计算

result＝2＊factorial(1)＝2,再将 2 返回到上一层子过程 factorial(3)中,计算 result 的结果,依次递归返回,直到返回到主图 main,结束递归调用,如图 9-10(c)～(d)所示。

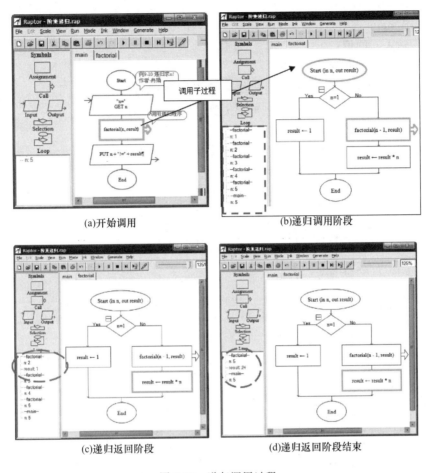

图 9-10　递归调用过程

【例 9-10】　用递归法求斐波那契数列前 n 项(n 从键盘输入)。

问题分析:前面曾用递推方法求解斐波那契数列前 n 项,下面介绍使用递归法求解该问题。根据斐波那契数列的定义:

$$F(n)=\begin{cases}1 & , \quad n=1 \\ 1 & , \quad n=2 \\ F(n-1)+F(n-2), & n>2\end{cases}$$

当 $n>2$ 时,对数列第 n 项 $F(n)$ 的求解可以转化为推到求解 $F(n-1)$ 和 $F(n-2)$,而要求解 $F(n-1)$ 和 $F(n-2)$,又可以推到求解 $F(n-3)$ 和 $F(n-4)$,依此类推,直至计算 $F(1)$ 和 $F(2)$,分别能立即得到结果是 1。因此原问题和子问题之间的递归关系式。

$$F(n)= F(n-1)+ F(n-2)$$

递归的边界条件为 $n=1$ 或 $n=2$ 时,$F(n)=1$。其算法的表示如下。

(1) 递归子过程 Fibonacci(int n,out result)

Step 1:判断 $n=1$ or $n=2$ 是否成立,如果成立,则 result←1,程序运行结束;否则转去执行 Step 2;

Step 2:计算第 $n-1$ 项,即 Fibonacci$(n-1,t1)$;

Step 3:计算第 $n-2$ 项,即 Fibonacci$(n-2,t2)$;

Step 4:result$\leftarrow t1+t2$。

（2）主图 main

Step 1:输入 n 的值;

Step 2:设置循环变量 i 的值为 1;

Step 3:如果 $i>n$ 成立,则程序运行结束,否则转去执行 Step 4;

Step 4:调用递归子程序求解数列的第 i 项 Fibonacci$(i,result)$;

Step 5:输出第 i 项的值 result;

Step 6:$i\leftarrow i+1$。

解 RAPTOR 程序的实现,如图 9-11 所示。

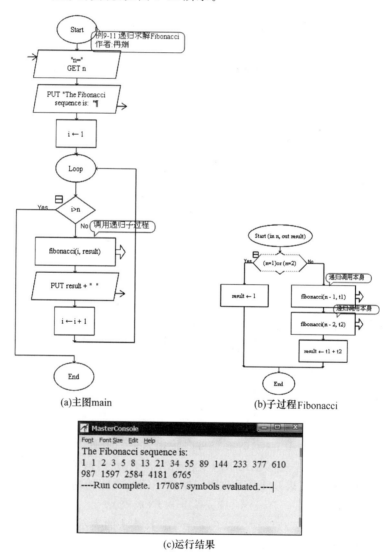

(a)主图main (b)子过程Fibonacci

(c)运行结果

图 9-11 递归法求 Fibonacci 的 RAPTOR 示例流程图和运行结果

从上面两个例题,读者可以看出使用递归程序求解问题比非递归程序求解问题实现起来要简单,容易理解,程序的可读性好,但是递归方法却需要较高的系统开销,主要体现在:一是时间上,递归方法执行调用和返回的工作要占用 CPU 时间;二是空间上,每次递归调用需要系统分配内存空间来完成参数传递和函数返回。当进行深度递归调用时,有可能发生内存溢出的错误,有时递归还会导致程序执行效率下降,如上例求解 Fibonacci 算法效率为(177087symbols evaluated),而使用非递归求解(见 9.2.1 节)时仅需要一个一重循环即可实现,算法效率为(101symbols evaluated),比递归方法有很大提高。

4. 递归算法优缺点

使用递归算法求解问题的优点在于:结构清晰、可读性强。且递归算法的设计比非递归算法的设计往往要容易一些,所以当问题本身是递归定义的,或者问题所涉及到的数据结构是递归定义的,或者是问题的解决方法是递归形式的时候,往往采用递归算法来解决。

缺点在于:执行的效率很低,尤其在边界条件设置不当的情况下,极有可能陷入死循环或者内存溢出的窘境。因此,对于递归层次较多的递归调用不推荐使用,而是推荐将递归转化为非递归方法实现。

9.3.2　递归算法应用举例

【例 9-11】　用递归方法求解读书问题。

问题分析:记 a_i 为第 i 天读书前剩余的页数,由题意得知,递归关系为 $a_i = (a_{i+1} + 2) * 2$。第六天读完了最后的三页,即 $a_6 = 3$,由此得到递归的边界条件。要求全书总页数为第一天读书前的页数,即 a_1。该题目是根据最终的结果计算初始条件,是一个逆向求解的过程。

在前面例 9.8 中曾用递推法求解该问题,这里用递归方式实现。其算法表示如下。

(1) 子过程 Mount(int i,out n)//求第 i 天读书前的页数

Step 1:判断 $i = 6$ 是否成立,如果成立,则 $n = 3$,程序结束;否则执行 Step 2;

Step 2:调用递归子程序 Mount($i+1$,n);

Step 3:$n \leftarrow (n+2) * 2$。

(2) 主图 Main

Step 1:调用递归子程序 Mount(1,n);

Step 2:输出全书总页数 n。

解 RAPTOR 的程序实现,如图 9-12 所示。

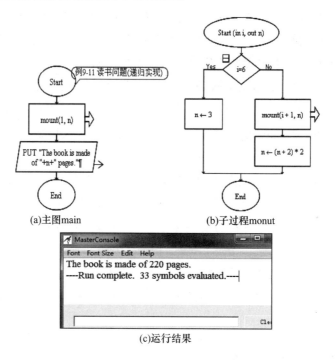

(a)主图main　　　　　　　(b)子过程monut

(c)运行结果

图 9-12　递归法求解读书问题的 RAPTOR 示例流程图和运行结果

【例 9-12】　用递归方法实现二分查找问题。

从键盘上输入已排好序的 10 个元素,在这 10 个元素中找出一个特定的元素 data,若查找成功,则返回该元素的位置;否则,返回"No Found"信息。

问题分析:利用序列有序的特点,取序列的中间元素和待查找元素比较,若相等,则查找成功;若待查找元素小于中间元素,则在序列的左半区继续查找;若待查找元素大于中间元素,则在序列的右半区继续查找。重复上述过程,直到查找成功,或所查找的区域无元素,则查找失败。

在前面例 6.6 中曾用迭代法实现二分查找,这里用递归方式实现。记待查找元素为 data,有序序列保存在数组 a[i]中,待查找的数组区间为 a[low~high],其算法表示如下。

(1) 子过程 Search(in a,in data,in low,in high,in out flag)

Step 1:判断有序序列是否非空,即 low＞high 是否成立,如果成立,则程序结束,否则执行 Step 2;

Step 2:计算中间元素位置 mid←floor((low＋high)/2);

Step 3:判断 data＝a[mid]是否成立,如果成立,则 flag←1,输出要查找数据 data 所在位置,否则执行 Step 4;

Step 4:判断 data＞a[mid]是否成立,如果成立,则在右半区间查找,即调用子过程 Search(a,data,mid＋1,high,flag),否则在左半区间查找,即递归调用 Search(a,data,low,mid−1,flag)。

(2) 主图 main

Step 1:输入已排好序的 10 个元素,并存储在数组 a 中;

Step 2：输入要查找数据 data；

Step 3：为查找结果信号量初始赋值 flag←0；

Step 4：调用子过程 Search(a,data,1,10,flag)；

Step 5：判断 flag!=0 是否成立，如果成立，则程序结束，否则输出"No Found"信息。

解 RAPTOR 程序的实现，如图 9-13 所示。

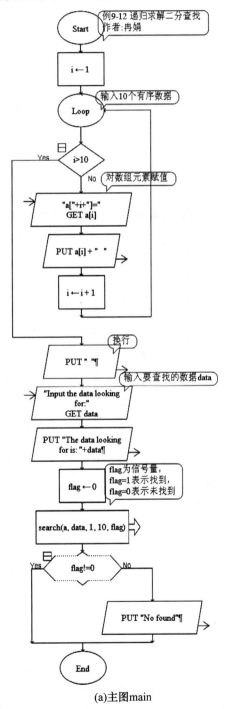

(a)主图main

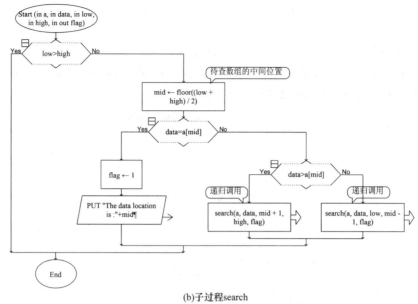

(b)子过程search

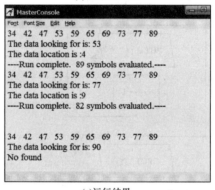

(c)运行结果

图 9-13　递归法求二分查找的 RAPTOR 示例流程图和运行结果

本 章 小 结

　　枚举、递推和递归算法是计算机中常用的三种算法,可以使用这三种算法解决生活中的很多实际问题。本章介绍了枚举、递推、递归三种算法的基本思想以及在一些实际问题中的应用。通过本章的学习,读者应该掌握三种算法的基本思想,并能够使用这三种算法进行程序设计,解决实际问题。

习　　题

　　1. 用 10 元和 50 元两种纸币凑成 240 元,共有多少种组合方式?

　　2. 联欢会上,大家在玩"数 7"的游戏。游戏规则是这样的:从 1 开始,每人数一个数,数到 7 的倍数就喊过,这样一直数到 100 为止。请你找出 1～100 中所有要喊过的数。

　　3. 一个无序数列具有 n 个元素,要求从数列中查找值为 key 的元素,如果存在返回其在数列中的位置,否则提示"不存在"。

4. 四皇后问题。

在 4×4 格的国际象棋上依次放入四个皇后,使其不能互相攻击,即任意两个皇后都不能处于同一行、同一列或同一斜线上,请问有多少种摆法?

【提示】 棋盘的每一列上可以且必须摆放一个皇后。因此,四皇后问题的解可以用一个一维数组 $x[4]$ 表示,数组元素 $x[i]$($1 \leqslant i \leqslant 4$)表示第 i 个皇后摆放在第 $x[i]$ 行的位置。显然,数组元素的各元素即为枚举变量,且取值范围为 $1 \leqslant x[i] \leqslant 4$。

5. 运动会开了 N 天,一共发出金牌 M 枚。第一天发金牌 1 枚加剩下的七分之一枚,第二天发金牌 2 枚加剩下的七分之一,第三天发金牌 3 枚加剩下的七分之一枚,以后每天都照此发金牌。到了第 N 天刚好发金牌 N 枚,到此金牌全部发完。请编写程序求 M 和 N。

6. A、B、C、D、E 五人合伙夜间捕鱼,凌晨时都疲惫不堪,各自在河边的树丛中找地方睡着了,日上三竿,A 第一个醒来,他将鱼平分为五份,把多余的一条扔回湖中,拿自己的一份回家去了,B 第二个醒来,也将鱼平分为五份,扔掉多余的一条,只拿走自己的一份,接着 C、D、E 依次醒来,也都按同样的办法分鱼。问五人至少合伙捕到多少条鱼?每个人醒来后看到的鱼数是多少条?

7. 整币兑零问题。

把一张 100 元的整币兑换成 1 角、2 角、5 角、1 元、2 元、5 元的零币,问有多少种不同的兑换方案?

【提示】 整币兑零实际是一个整数无序可重复化拆分问题。即求把整体数 100 化为 1、2、5、10、20、50 这 6 个零数的和(零数可重复),共有多少种不同的和式(不计顺序)。当整币较大或零币的种数较多时,穷举求解效率低,可考虑递推求解。

8. 有一个 $2 \times n$ 的长方形棋盘中,用一些 1×2 的骨牌铺满方格。例如 $n=3$ 时,在 2×3 的棋盘上用 1×2 的骨片覆盖,共有 3 种铺法(如图 9-14 所示)。请编写程序,对于给出的任意一个 n($n > 0$),求出铺法总数并输出。

图 9-14 骨牌的 3 种铺法

9. 假币问题。

有 n 枚外观相同的硬币,已知其中一枚是假币,且假币重量较真币轻。现有一架天平,请问至多需要称多少次能够找出假币?

【提示】 使用二分法解决该问题。

记 $f(n)$ 为 n 枚硬币时需要称重的次数。

当 $n=1$ 时,那么这枚硬币必然是假币,无需称重,即 $f(1)=0$。

当 $n > 1$ 时,将假币分为两组。若 n 是偶数,则每组有 $n/2$ 枚硬币;若 n 是奇数,则留下一枚硬币,剩下的分为两组,每组 $(n-1)/2$ 枚硬币。将两组硬币放到天平去称,如果两组硬币重量不同,则假币必然在较轻的那组中,用同样的方法对较轻的那组继续处理;如果两组重量相同,则留下的一枚是假币。

第 10 章　RAPTOR 文件的使用

在前面各章节中进行数据处理时，无论数据量有多大，在 RAPTOR 中每次运行程序都需要通过键盘输入，程序处理的结果也都是默认输出到显示屏幕中。但是对于很多实用的工程软件来说，都需要输入/输出大量的数据，有时还需要借助大量的输入数据完成科学计算并将计算结果保存起来。在这种情况下，继续使用键盘输入数据或者直接将数据显示到控制台中，不仅需要花费大量的时间，而且也无法将计算的结果保存。那如何高效输入/输出这些数据呢？ 如何将数据计算的结果保存呢？ 本章将向读者介绍利用文件实现 RAPTOR 数据的输入和输出。

本章学习目标：

> 通过本章学习，你将能够：
> ☑ 学会如何将数据输出到文件；
> ☑ 学会如何从文件中读取数据到程序。

10.1　将数据输出到文件

文件是计算机中的一个重要概念，通常是指存储在外部介质上的数据的集合。用于存储数据的文件称之为数据文本。利用文件可长期保存数据，并实现数据共享。

在 RAPTOR 中，要想将数据输出到一个文件中，即文件输出，就需要在 RAPTOR 程序执行过程中遇到输出语句时，对其检查输出是否已经被重定向（Redirected）。如果输出已经被重定向，这就意味着已经指定一个输出文件，此时输出的数据将被写入到文件中；如果输出没有被重定向，则输出数据显示在主控制台显示器上。下面先看一个的例题。

【例 10-1】 产生 10 个 100 以内的随机整数存放到数组 array 中，并将该数组中的数据直接输出到文件 array.csv 中。

问题分析：要将数组中的数据输出到 array.csv 文件中，就需要确定输出语句是否被重定向。

解　RAPTOR 程序实现，如图 10-1 所示。

本例题要实现将程序运行结果输出到指定的文件中，就需要使用输出重定向语句。RAPTOR 提供两种输出重定向语句，将输出内容写入文件，并且都以过程调用形式出现。

第一种：Redirect_Output(False/True or "filename")

第二种：Redirect_Output_Append(False/True or "filename")

如图 10-1 中虚框部分所示使用第一种方式。这里只向读者介绍第一种方式，第二种方式请读者自行实现。

对于第一种方式，如果参数"filename"只指出文件名，则输出语句输出的结果将按指定的文件保存在当前 RAPTOR 程序所在的目录中；如果参数"filename"拥有完整的路径,则输出语句输出的结果将保存在指定的文件目录中。如果输出语句中指定的文件已经存在,则该文件将被覆盖。

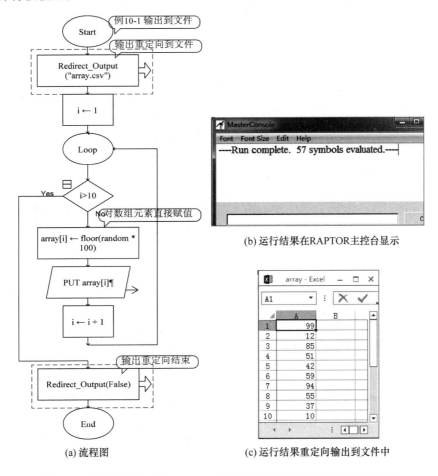

(a) 流程图

(b) 运行结果在RAPTOR主控台显示

(c) 运行结果重定向输出到文件中

图 10-1 随机数输出到"array.csv"文件的 RAPTOR 示例图和运行结果

(1) 参数"True"表示将文件名的输入延迟到运行时间。调用时 RAPTOR 会打开一个文件选择对话框,用户可以指定文件名并用于输出,如 Redirect_Output(True)。

(2) 参数"False"表示使用 Redirect_Output("filename")将程序运行结果输出重定向到文件完成后,如果想让输出重定向到主控台,需要再次调用 Redirect_Output,并将参数设定为"False",如 Redirect_Output(False)。

从该例题输出结果可以看出,利用输出重定向将程序运行结果直接输出到指定的文件中并保存起来,输出数据的形式在文件中默认以每行保存一个一维数组元素的形式存储。同时 RAPTOR 控制台将不再显示程序运行结果。

如果想让程序运行结果既能在 RAPTOR 控制台显示,又可以将运行结果保存到文件中,该程序如何修改呢?

【例 10-2】 将例 10-1 程序修改为运行结果既能在 RAPTOR 控制台显示又可以输出到文件。

问题分析:要想将程序运行结果既可以在主控制台上输出又可以输出到文件中,可以使用两次循环:一次循环用于产生随机数存储到一维数组并在主控制台输出;另一次循环是获取一维数组的数据后将输出结果重定向到文件中。

解 RAPTOR 程序实现,如图 10-2 所示。

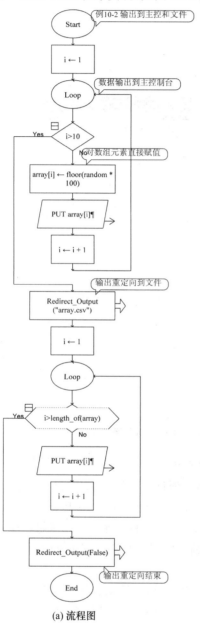

(a) 流程图

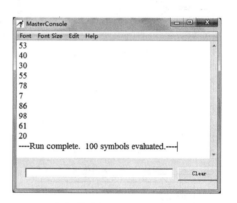

(b) 运行结果在RAPTOR主控台显示

(c) 运行结果重定向输出到文件中

图 10-2 随机数输出到主控台和"array.csv"文件的 RAPTOR 示例图及运行结果

【例 10-3】 生成一个 5 行 4 列的 100 以内的随机整数存放到二维数组 values 中,并将该二维数组中的数据直接输出到文件 Darray.csv 中。

问题分析:依据题意,要将产生的二维数组的数据输出到 Darray.csv 文件中,这与例 10-1 对数据的处理的方式相同。

解 RAPTOR 的程序实现,如图 10-3 所示。

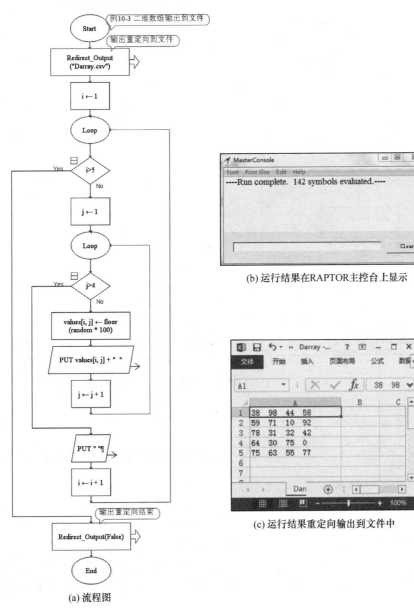

(b) 运行结果在RAPTOR主控台上显示

(c) 运行结果重定向输出到文件中

(a) 流程图

图 10-3 随机二维数组输出到"Darray.csv"文件的 RAPTOR 示例图和运行结果

从图 10-3 可以看出,RAPTOR 程序运行后也是将程序结果直接输出到文件中,并且数据输出形式是以每行作为一个数据存放到 Excel 文件的单元格中,这一点请读者引起注意。

【例 10-4】 将输入的通讯录保存到指定文件中。

将某用户通过键盘输入的所有朋友的通讯联系方式(ID、姓名、电话、E-mail 等)信息存储到以"addr.csv"命名的文件中。

问题分析:依据题意,通讯录以二维数组的形式保存,要将输入通讯录信息保存到文件中,该题与例 10-3 对数据的处理方式也相同。

解 RAPTOR 的程序实现，如图 10-4 所示。

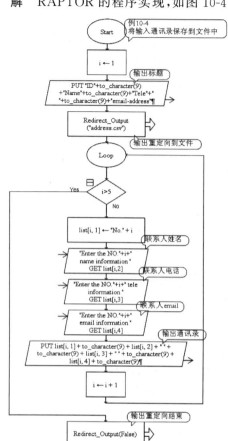

（a）流程图　　　　　　　　　　　　　　　　（b）运行结果

图 10-4　将输入通讯录存储到 ".csv" 文件的 RAPTOR 示例图和运行结果

从图 10-4 可以看出，RAPTOR 程序运行后也是将程序结果直接输出到文件中，并且数据输出形式也是以每行作为一个数据存放到 Excel 文件的单元格中。

到这里读者也许会提出问题：例 10-3 和例 10-4 程序运行结果输出到文件都是以每行作为一个数据存放到 Excel 文件的单元格中，这种形式不是我们日常生活中常用形式，能否保存的形式如图 10-5 所示呢？

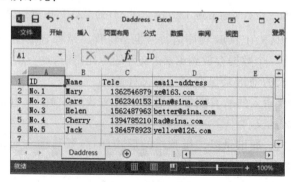

图 10-5　以二维表形式保存数据到文件中

当然可以,那如何实现呢?由于数据输出要保存的文件格式为".csv",该文件在 Excel 表中虽然每个数据占一个单元格,但实际上每列数据之间是以逗号分隔。这一点,读者可以通过 Excel 表中保存文件类型时可以看到。

因此,在 RAPTOR 程序中只需要将二维数组中的每个数组元素以逗号连接方式进行输出即可(虚框部分),修改的程序如图 10-6 所示。

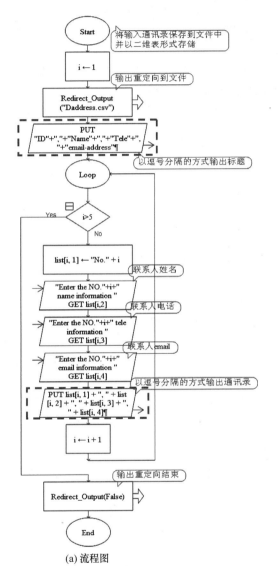

(a) 流程图

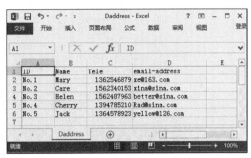

(b) 运行结果定向输出到文件

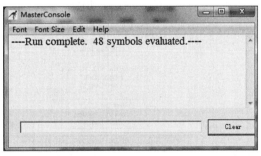

(c) 运行结果在主控制台显示

图 10-6　将输入通讯录以二维表形式存储到"csv"文件的 RAPTOR 示例图和运行结果

举一反三

请读者自行将例 10-3 程序修改为以二维表形式将数据输出到"csv"文件中。

通过图 10-6 可以看到,RAPTOR 程序运行结果也是直接输出到文件中,主控制台不显示任何信息。如果想让程序运行结果与例 10-2 一样既能在 RAPTOR 控制台显示,又可以将运行结果保存到文件中,该程序如何修改呢?

【例 10-5】 将例 10-4 程序修改为运行结果既能在 RAPTOR 控制台显示信息又能存储到文件中。

问题分析:要想将二维数组程序运行结果既可以在主控制台上显示又能存储到文件中,与例 10-2 对数据的处理的方式相同。但需要注意的是,数据输出到文件中不能以二维数组的形成输出,因此可以将二维数组的数据转换成一维数组(虚框部分),然后再将数据输出到文件中。

解 程序有主图 main 和子过程 Backup_to_file 组成。主图 main 用于实现数据输入,子过程 Backup_to_file 用于将数据保存到指定文件中,如图 10-7 所示。

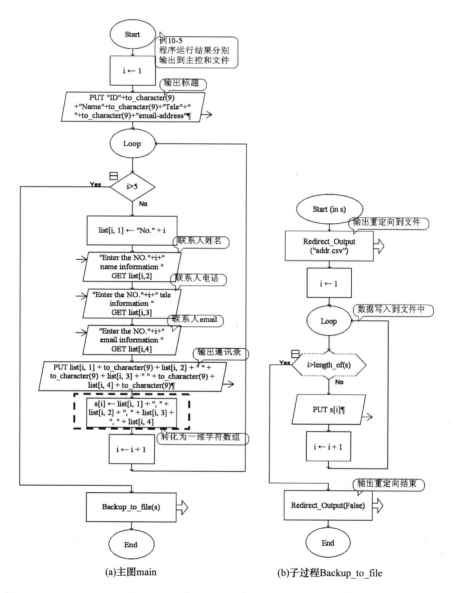

(a)主图main   (b)子过程Backup_to_file

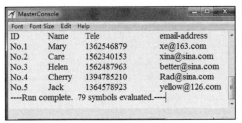 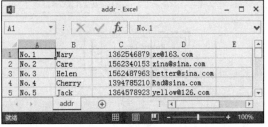

（c）运行结果在主控制台上显示　　　　　　（d）运行结果重定向输出到文件中

图 10-7　将输入通讯录输出到主控台和文件中的 RAPTOR 示例图和运行结果

10.2　从文件输入数据

从文件中读入需要计算的数据，可以减少人工输入带来的不便，节省时间。RAPTOR 可以利用输入语句将数据导入到程序中。程序在执行过程中如果遇到一个输入语句，系统会检查该输入是否已经被重定向（Redirected）。如果输入已经被重定向，这就意味着已经指定一个输入文件，此时要输入的数据将从指定的文件中提取；如果输入没有被重定向，则要输入的数据将从默认设备键盘上提取数据。

【例 10-6】　从指定文件"array.csv"（如图 10-8 所示）中读取数据，并在 RAPTOR 控制台上显示。

图 10-8　读取数据文件"array.csv"

问题分析：从文件中读入数据时所使用的输入重定向过程与 10.1 节介绍的输出重定向类似。要从文件中读取数据到程序中，就需要使用输入重定向语句。

解　RAPTOR 程序实现，如图 10-9 所示。

本例题要实现从文件中读取数据，就需要使用输入重定向语句（虚框部分）。RAPTOR 提供输入重定向语句（Redirect_Input）同样以过程调用形式出现，输入的内容从文件中提取。格式为

```
Redirect_Input(False/True  or "filename")
```

如果参数"filename"只指出文件名，则输入语句将从当前 RAPTOR 程序所在目录的文件中提取数据；如果参数"filename"拥有完整路径，则输入语句将从指定的文件目录的文件中提取数据。

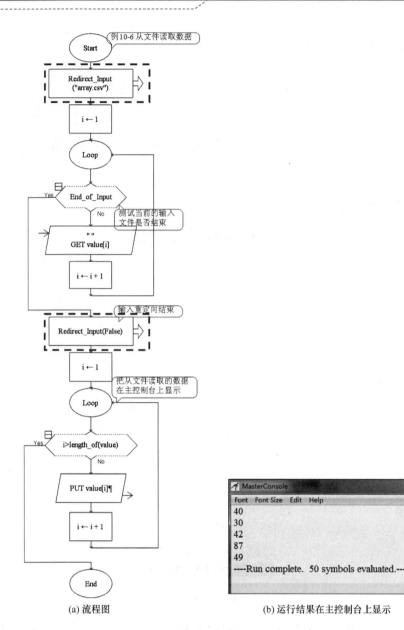

(a) 流程图   (b) 运行结果在主控制台上显示

图 10-9　从文件读取数据的 RAPTOR 示例图和运行结果

参数"True"表示将文件名的输入延迟到运行时间。调用时 RAPTOR 会打开一个文件选择对话框,用户可以指定文件名并用于输入,如 Redirect_Input(True)。

参数"False"表示输入重定向结束,输入文件立即关闭,随后的 RAPTOR 程序输入回到键盘输入。

RAPTOR 在读取输入文件时,默认情况下,每次读入一行。如果让程序每次读取文件中一个数据,则输入文件的数据组织形式就需要一行存储一个数据,如图 10-8 所示。

【例 10-7】　读取通讯录文件。

某用户将所有朋友的通讯联系方式(ID、姓名、电话、E-mail 等)存放文件"contractlist.

csv"中,如图 10-10 所示。现需要从文件读取这些数据到程序中,并在 RAPTOR 主控制台上显示。

问题分析:从图 10-10 可以看出,数据在文件.csv 中保存形式是一个二维表,即每行表示每个人,每列表示每个人的信息,每个人的信息数据存储类型有数值类型和字符串类型。尽管存储数据形式和数据类型与例 10-6 不相同,但对数据读取方式是相同的。

解　RAPTOR 的程序实现,如图 10-11 所示。

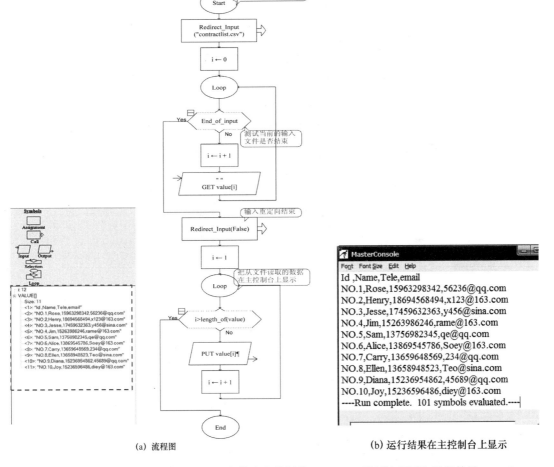

图 10-10　读取数据文件"contractlist.csv"

图 10-11　从"contractlist.csv"文件读取数据的 RAPTOR 示例流程图和运行结果

(a) 流程图　　　　　(b) 运行结果在主控制台上显示

从图 10-11 可以看出,当 RAPTOR 程序从文件中获取数据时,每次读入一行数据作为一维数组的每个数组元素,如图 10-11 的虚框部分。因此一维数组的每个数组元素的数据类型为字符串类型,程序运行之后,在 RAPTOR 控制台上也以字符串类型显示。

同样,到这里读者也会问:能否从文件读取的数据以二维数组的形成存储呢?回答是可以的。如何实现呢?请读者通过下面例 10-8 了解如何以二维数组形成存储数据。

【**例 10-8**】 将例 10-7 的通讯录文件"contractlist.csv"中数据读取到程序中,以二维数组的形成存储数据,并将数据显示在 RAPTOR 主控制台上。

问题分析:本题与例 10-7 不同之处在于:例 10-7 是将二维表中的每行数据以字符串形成存储在一维数组 value 中;本题是要以二维数组形成存储数据。由于文件是以 .csv 形式存储,文件中每列数据之间则以逗号分隔,因此,扫描每行数据时只要出现逗号,则以列的形式在程序中存储。程序利用双重循环结构实现,外层表示二维数组的行,内层表示二维数组的列。

本例题由主图 main 和子过程 file 组成,主图 main 用于将从文件读取的数据显示以二维数组方式显示在主控制台上;子过程 file 用于从文件中读取数据。

解 RAPTOR 程序实现,如图 10-12 所示。

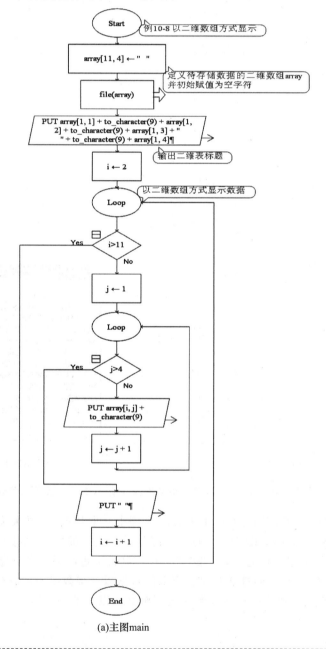

(a)主图 main

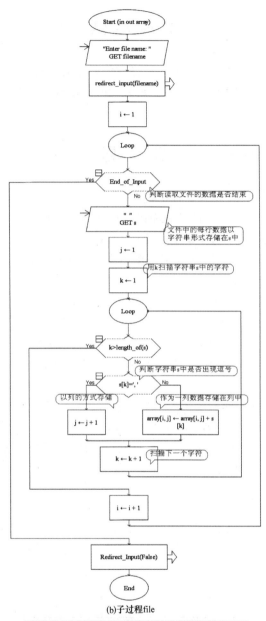

(b)子过程file

(c)运行结果

图 10-12　从文件读取数据以二维数组方式显示的 RAPTOR 示例流程图和运行结果

本 章 小 结

本章介绍了通过文件输入或文件输出的方式将程序需要的数据从文件中读取或者将程序运行结果输出到文件中,这种方式可以满足大量的数据输入或者存储,对工程类的计算过程非常有用。

习 题

1. 读取一个文档,统计英文字母的数量。

2. 随机产生 100 个 1～1 000 的整数输出到文件"random_num.csv"中。

要求:(1) 数据输出到文件中,每行存储 10 个数据;

(2) 数据输出到文件中,每行的每个数据占一个单元格。

3. 编写程序实现以下功能:

(1) 读取文件 file.csv 中的数据,如图 10-13 所示,存储到一维数组 array 中;

(2) 求数组 array 中所有元素的和;

(3) 将数组 array 中以及所有的和写入到文件 outfile.csv 中。

4. 某社团有 N 名学生,他们的个人信息有学号、姓名、班级和专业等。现在将他们的信息存储到文件"student.csv"中。

5. 某班学生的成绩存储在"score.csv"文件中,如图 10-14 所示,现需要从文件读取这些数据到程序中,并以二维数组的形式在主控制台上显示。

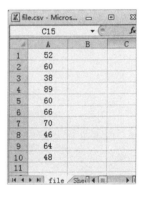

图 10-13 "file.csv"文件

学号	Raptor	英语	线性代数	计算机基础
6015203165	80	85	80	97
6015203167	90	95	87	74
6015203168	100	96	80	75
6015203178	80	83	80	89
6015203182	80	80	94	85
6015203184	87	84	90	85
6015203187	80	81	90	75
6015203190	83	79	70	95
6015203191	77	88	84	97
6015203192	86	83	88	90

图 10-14 "score.csv"文件

参 考 文 献

[1] 陈国良.大学计算机——计算思维视角[M].北京:高等教育出版社,2014.

[2] 程向前,陈建明.可视化计算[M].北京:清华大学出版社,2013.

[3] 谢涛,程向前等.RAPTOR 程序设计案例教程[M].北京:清华大学出版社,2014.

[4] 程向前,周梦远.基于 RAPTOR 的可视化计算案例教程[M].北京:清华大学出版社,2014.

[5] 王立松,潘梅园,朱敏,等.大学计算机实践教程——面向计算思维能力培养[M].北京:电子工业出版社.

[6] 贾蓓,郭强,刘占敏,等.C 语言趣味编程 100 例[M].北京:清华大学出版社,2014.

[7] 王全民,郑爽.C 语言程序设计[M].北京:中国铁道出版社,2015.

[8] 刘明军,潘玉奇,等,程序设计基础(C 语言)[M].2 版.北京:清华大学出版社,2014.

[9] 赵凤芝,包锋,C 语言程序设计能力教程[M].北京:中国铁道出版社,2014.

[10] 苏小红,孙志岗,陈惠鹏,等.C 语言大学实用教程[M].3 版.北京:电子工业出版社.

[11] 张钢,冉娟,等.以"计算思维"为导向的程序设计入门类课程改革探索[J].计算机教育,2016.

[12] 陈杰华.程序设计课程中强化计算思维训练的实践探索[J].计算机教育,2009.

[13] 卢琼.基于流程图的程序设计工具 RAPTOR 对学生的计算思维能力的培养[J].计算机光盘软件与应用,2014.

[14] 程向前.基于流程图的可视化程序设计环境对大学计算机基础教学的影响[J].计算机教育,2012.

[15] Martin C. Carlisle, Terry A. Wilson, "RAPTOR: Introducing Programming to Non-Majors with Flowcharts", in SIGCSE 2005, 2005.

[16] Michael Thomson. Evaluating the Use of Flowchart-based RAPTOR Programming in CS0.

[17] J. Barr, S. Cooper, M. Goldweber and H. Walker, "What Everyone Needs to Know About Computation," in SIGCSE 2010, 2010.

[18] M. C. Carlisle, "RAPTOR: a visual programming environment for teaching algorithmic problem solving," in SIGCSE 2005, 2005.

[19] S. Davies, J. A. Polack-Wahl and K. Anewalt, "A Snapshot of Current Practices in Teaching the Introductory Programming Sequence," in SIGCSE 2011 2011.

[20] RAPTOR 官网.http:// raptor. martincarlisle. com.